虛擬企業財務制度安排研究

張旭蕾 著

前言

　　信息技術和計算機網絡技術的飛速發展正在推動一場深刻的商業革命，它對於企業營運模式來說幾乎是革命性和顛覆性的。特別是隨著世界經濟一體化步伐的加快，市場競爭日益加劇，越來越多的企業意識到單憑自身內部資源的整合，已經難以把握快速變化的市場機遇，於是它們開始將注意力轉向企業外部。而虛擬企業作為一種以提升核心能力為目標、優化整合企業外部資源的手段，開始成為企業適應經濟全球化、網絡化的現實選擇。

　　虛擬企業以其具有快速開發產品、滿足個性化需求等優點，逐漸進入我們的視野，並成為管理學界重要的研究對象。經過十多年的發展，理論界和實務界對虛擬企業的相關問題進行了較多探討，但仍然有許多問題沒有取得共識。如何針對財務管理特點制定虛擬企業的財務制度，目前已有的文獻尚未對此進行系統的研究。本書就是力圖在深入認識財務制度安排的基礎上，對虛擬企業的財務問題做出系統的分析，並提出較完整和較具體的虛擬企業財務制度安排框架，以期能對虛擬企業的理論研究和實踐嘗試有所助益。

　　本書的研究思路：首先，分析虛擬企業的內涵、性質、特性、組織模式等理論問題，為本書奠定研究基礎；然後，從制度安排的含義入手，提出財務制度安排的理論結構，並在此基礎之上，結合虛擬企業的特點，構建出虛擬企業財務制度安排的理論框架，為具體財務制度的設計提供理論支持；最後，對虛擬企業顯性財務制度、隱性財務制度、財務治理等具體問題進行詳細的探討。

　　本書共分7章，各章主要內容如下：

　　第1章，緒論。本章介紹了虛擬企業財務制度安排研究的背景、成

果、意義、思路和方法。

第2章，虛擬企業理論詮釋。本章首先從虛擬企業的溯源入手，通過比較分析得出了虛擬企業的具體內涵；同時，分別從經濟學、管理學、社會學的視角探討了虛擬企業的性質。其次，本章分析了虛擬企業的特性，這些特性也是其區分於傳統企業的顯著特性。最後，本章分析了虛擬企業的組織特徵，根據核心成員數量的不同，認為虛擬企業可以分為聯邦模式、平行模式和星型模式三種組織類型，這也為虛擬企業財務組織結構的分析奠定了理論基礎。

第3章，虛擬企業財務制度安排的理論擴展和內容框架。首先，本章在辨析制度和制度安排的基礎上，探究虛擬企業財務制度安排概念的內涵。其次，本章從制度經濟學和現代財務理論的角度來分析財務制度安排的理論基礎，這是研究財務制度安排問題的前提。再次，本章提出財務制度安排的理論結構主要由目標、本質、主體、對象、假設等抽象理論問題構成，並在財務制度安排理論結構一般性描述的基礎上，結合虛擬企業的特點，對虛擬企業財務制度安排的理論結構進行了重構。最後，本章在顯性財務制度、隱性財務制度、財務治理三者形成橫向制度安排的基礎上，針對虛擬企業的動態性，提出了面向全生命週期的縱向虛擬企業顯性財務制度，從而構建出虛擬企業「立體式」的制度安排框架。

第4章，虛擬企業顯性財務制度安排。顯性財務制度在虛擬企業財務制度框架中居於重要地位，它具有較強的財務約束力。本章首先分析了顯性財務制度應該遵循的原則，再依據虛擬企業的生命週期，勾勒出虛擬企業醞釀期、組建期、運作期、解體期財務制度的基本藍圖。虛擬企業醞釀期的財務制度主要包括市場機遇價值評估制度、預計期望收益衡量制度；組建期的財務制度主要有籌資制度、投資制度；運作期的財務制度是顯性財務制度的核心，主要包括風險管理制度、利益分配制度、成本控制制度、績效評價制度；解體期的財務制度安排應從項目中止識別制度、清算制度兩方面進行考慮。

第5章，虛擬企業隱性財務制度安排。隱性財務制度是一種無形規範，以「軟約束」力量構成財務有效運行的內在驅動力，需要自覺執行。隱性財務制度的基礎是財務倫理，它是企業在財務運行過程中，整合和調節各種財務關係時，所表現出的倫理理念和倫理特徵，具體表現為財

務倫理化和倫理財務化兩個方面；按照不同的財務活動可以將財務倫理劃分為融資倫理、投資倫理和分配倫理。虛擬企業財務倫理更強調各成員企業之間的財務倫理的協調，本章提出可以通過提升財務倫理思辨能力、建立財務倫理的監督體系等手段培育和完善虛擬企業的財務倫理。虛擬企業的管理屬於跨文化管理，而財務文化能夠潛移默化形成「習慣」，作為一種非正式約束來協調企業財務管理。所以，基於跨文化管理，虛擬企業財務制度安排主要體現在要創造彼此信任的財務文化環境、建立跨文化的人員管理模式、培育財務文化三個方面。此外，為了維護虛擬企業的關係資本，虛擬企業財務制度要構造良好的溝通環境、注重關係資本的價值衡量、增加關係資本的投資、規避關係資本的風險。

第6章，虛擬企業的財務治理結構與機制。財務治理是在企業內部財權關係的基礎上，形成企業財務相互影響、相互約束的制衡體系，保證規範財務活動、處理財務關係的有效實施。本章基於財權配置，得出了財務治理的一般框架，即財務治理結構和財務治理機制。財務治理結構側重於制度安排，形成了利益關係者之間相互制衡的框架結構，是一種靜態的治理方式；而財務治理機制則側重於對治理的有效激勵約束等，是形成協調委託代理關係的一種機制，是一種動態的治理方式。同時，針對虛擬企業的特點，本章分析出虛擬企業財務治理具有層次性、動態性、網絡化的特徵。在此基礎上，本章進一步探討了星型模式和聯邦模式的財務組織結構，以及共同財務決策機制、財務激勵機制、財務約束機制等財務治理機制。

第7章，虛擬企業財務制度安排的案例分析。本章透過案例，分析了虛擬企業財務制度安排的現狀，並提出中國虛擬企業財務制度安排應注意的問題。

本書力求在以下方面進行創新：

創新一，本書從經濟學、管理學、社會學的角度分析了虛擬企業的性質，這種多方位、多視角的分析有助於深刻理解虛擬企業的內涵，為研究虛擬企業財務制度安排奠定基礎。

創新二，本書借助新制度經濟學的相關理論，系統、全面地梳理了財務制度安排的相關內容，並對企業財務制度安排的理論框架進行了一般性描述。在此基礎之上，本書結合虛擬企業的特性，對財務制度安排基本要素的內涵進行了理論拓展，進而提出虛擬企業「立體式」的財務

制度安排框架。

　　創新三，本書依據虛擬企業的明顯的生命週期性，將顯性財務制度劃分為醞釀期財務制度、組建期財務制度、運作期財務制度和解體期財務制度。這種劃分有利於虛擬企業根據不同階段的特點，制定不同的財務規範內容，從而提高制度安排的可操作性。

　　創新四，本書擴展了資本的內涵，並以資本泛化為基礎，利用關係資本分析虛擬企業隱性財務制度安排。本書提出了維護虛擬企業關係資本的具體措施，有利於提升財務「軟控制」的約束力，對虛擬企業財務制度安排具有現實指導意義。

　　創新五，本書在財權配置的基礎上，結合虛擬企業財務治理的特點，並以星型模式和聯邦模式為例，說明虛擬企業財務組織的結構安排。按照所有權的安排邏輯，在界定虛擬企業內部財權關係的基礎上，本書提出各個財務制度安排主體的權利範圍，為虛擬企業財務制度的有效實施提供保證。

　　虛擬企業財務制度安排是一個全新的、多學科交叉的研究課題，研究的難度很大。由於筆者水準有限，並限於文章篇幅，一些問題還需要進一步深入研究。其一，財務倫理是一種無形規範，本書雖對其量化進行了試探性研究，但仍然缺乏可操作性。其二，資本是一個抽象範疇，學術界對於資本的劃分沒有一個統一的認識，而本書僅側重於虛擬企業關係資本的討論，難免有局限。其三，本書結論是基於筆者目前的認識、理解程度做出的，難免存有偏頗之處，尚需實踐的檢驗和修正。

　　筆者在本書寫作過程中參考了很多國內外學者的著作和成果，獲得了啟發並對其進行了借鑑，在此向這些文獻的作者表示衷心感謝。

目錄

1 緒論 / 1
    1.1 研究背景 / 1
    1.2 國內外研究綜述 / 3
        1.2.1 虛擬企業的相關研究 / 3
        1.2.2 財務制度安排的歷史檢視 / 11
        1.2.3 簡要評價 / 14
    1.3 研究意義 / 16
    1.4 研究思路與框架 / 18
    1.5 研究方法 / 19
    1.6 創新及不足之處 / 20

2 虛擬企業理論詮釋 / 22
    2.1 虛擬企業的溯源 / 22
        2.1.1 虛擬企業的產生背景 / 22
        2.1.2 虛擬企業的提出及深化 / 24
        2.1.3 虛擬企業的內涵 / 27
    2.2 虛擬企業的性質 / 30
        2.2.1 經濟學視角下的理論分析 / 31
        2.2.2 社會學視角下的理論分析 / 34
        2.2.3 管理學視角下的理論分析 / 36
    2.3 虛擬企業的特性 / 38

2.3.1 虛擬企業的基本特性 / 38

2.3.2 虛擬企業的一般特性 / 40

2.4 虛擬企業的組織模式 / 41

2.4.1 虛擬企業的組織特徵 / 42

2.4.2 虛擬企業的組織模式 / 43

3 虛擬企業財務制度安排：理論擴展與內容框架 / 46

3.1 虛擬企業財務制度安排的概念厘定 / 46

3.1.1 制度的界定 / 46

3.1.2 制度安排的內涵及結構 / 49

3.1.3 虛擬企業財務制度安排的含義 / 51

3.2 虛擬企業財務制度安排的理論基礎 / 52

3.2.1 制度經濟學 / 52

3.2.2 現代財務理論 / 56

3.3 虛擬企業財務制度安排的基本理論結構 / 58

3.3.1 企業財務制度安排理論框架的一般性描述 / 58

3.3.2 虛擬企業對財務制度安排基礎理論的拓展 / 63

3.4 構建「立體式」虛擬企業財務制度安排的內容框架 / 68

3.4.1 虛擬企業顯性財務制度 / 68

3.4.2 虛擬企業隱性財務制度 / 70

3.4.3 虛擬企業的財務治理 / 71

3.4.4 顯性財務制度、隱性財務制度、財務治理三者之間的關係 / 71

4 虛擬企業顯性財務制度安排 / 73

4.1 虛擬企業顯性財務制度安排遵循的原則 / 73

4.1.1 針對性原則 / 73

4.1.2 成本收益原則 / 74

4.1.3 目標一致性原則 / 74

  4.1.4 權責利相結合原則 / 74

  4.1.5 靈活性原則 / 75

 4.2 虛擬企業醞釀期的財務制度安排 / 75

  4.2.1 市場機遇價值評估制度 / 75

  4.2.2 預計期望收益衡量制度 / 81

 4.3 虛擬企業組建期的財務制度安排 / 86

  4.3.1 籌資制度 / 86

  4.3.2 投資制度 / 88

 4.4 虛擬企業運作期的財務制度安排 / 91

  4.4.1 風險管理制度 / 91

  4.4.2 利益分配制度 / 97

  4.4.3 成本控制制度 / 102

  4.4.4 績效評價制度 / 107

 4.5 虛擬企業解體期的財務制度安排 / 110

  4.5.1 項目中止識別制度 / 111

  4.5.2 清算制度 / 112

5 虛擬企業隱性財務制度安排 / 114

 5.1 隱性財務制度的基礎——財務倫理 / 114

  5.1.1 財務倫理概念的界定和理解 / 115

  5.1.2 財務倫理內容的架構和解說 / 116

  5.1.3 虛擬企業財務倫理的培育和完善 / 119

 5.2 基於跨文化管理的制度安排 / 123

  5.2.1 虛擬企業的跨文化管理 / 123

  5.2.2 虛擬企業的財務文化 / 126

  5.2.3 跨文化管理下的財務制度安排 / 128

 5.3 基於夥伴關係的制度安排 / 134

  5.3.1 虛擬企業關係資本的形成 / 135

　　　　5.3.2　夥伴關係下的財務制度安排 / 139

6　虛擬企業的財務治理結構與機制 / 146
　6.1　財務治理的一般框架：基於財權配置的視角 / 146
　　　6.1.1　財務治理的核心：財權配置 / 147
　　　6.1.2　財務治理結構：財權的靜態安排 / 149
　　　6.1.3　財務治理機制：財權的動態安排 / 150
　6.2　虛擬企業的財務治理 / 152
　　　6.2.1　虛擬企業財務治理具有層次性 / 152
　　　6.2.2　虛擬企業財務治理具有動態性 / 153
　　　6.2.3　虛擬企業財務治理具有網絡化特徵 / 154
　6.3　虛擬企業財務組織結構安排 / 155
　　　6.3.1　星型模式的財務組織結構安排 / 157
　　　6.3.2　聯邦模式的財務組織結構安排 / 163
　6.4　虛擬企業財務治理機制 / 165
　　　6.4.1　共同財務決策機制 / 166
　　　6.4.2　財務激勵機制 / 167
　　　6.4.3　財務約束機制 / 170

7　虛擬企業財務制度安排的案例分析 / 171
　7.1　成功案例——美特斯·邦威的成功之路 / 171
　　　7.1.1　美特斯·邦威的虛擬經營模式 / 171
　　　7.1.2　美特斯·邦威的財務制度安排分析 / 173
　7.2　失敗案例——IBM 公司 PC 業務的興衰 / 176
　　　7.2.1　IBM 公司的虛擬經營戰略 / 176
　　　7.2.2　IBM 公司的財務制度安排分析 / 178
　7.3　對中國虛擬企業財務制度安排的啟示 / 179

參考文獻 / 185

後記 / 197

1 緒論

本章是開篇之論，首先介紹相關的研究背景，然後說明國內外研究現狀、研究意義、研究方法、研究思路及本書的創新與不足。

1.1 研究背景

20世紀70年代以來，微電子、計算機、通信、網絡、智能、自動化等科學技術的迅猛發展使人類跨入了一個嶄新的以網絡經濟、速度經濟和知識經濟為主要特徵的新經濟時代[①]。新經濟時代下，市場競爭對企業技術創新高度與速度的要求越來越高。面對稍縱即逝的市場機遇，即使是實力雄厚的大企業集團，也難以收集到快速創新的所有資源，並承擔創新所帶來的巨大風險。為了適應時代發展的需要，虛擬企業這種新型企業組織形式應運而生，被越來越多的企業所採納，並取得了驕人的成績。例如，Cisco公司將自己的主要精力集中於新產品開發與產品銷售兩個基本流程，而把其他環節留給了其他企業；運動鞋製造商Nike，僅擁有關鍵技術研究基地，不直接負責生產；Compaq與Microsoft組成了虛擬企業聯合體；Intel利用虛擬企業運作模式和Sharp、IBM公司（國際商業機器公司）共同開發快速閃存芯片；波音公司通過夥伴虛擬網絡，共同設計、製造了波音777飛機；IBM、Apple和Motorola聯合開發了新一代計算機的微處理器；等等。隨著中國經濟越來越深地融入世界經濟，虛擬企業在中國也顯現出蓬勃生機。近年來，中國崛起了小天鵝、美特

---

① 芮明杰. 新經濟、新企業、新管理 [M]. 上海：上海人民出版社，2002：116.

斯·邦威、恒源祥等一大批虛擬企業，並發揮了強有力的競爭優勢，正有力地影響著中國經濟的發展。

與傳統企業相比，虛擬企業從管理哲學到經營理念、從決策過程到生產經營方式都發生了根本性的變革，具有組織界限模糊化、組織結構動態性、核心功能與執行部門相分離、經營敏捷性、合作契約性等特徵。這些特徵也對虛擬企業的管理理論提出了嚴峻的挑戰，例如，組織結構的動態性使虛擬企業內部的協調機制、利益分配機制和風險控制機制成為虛擬企業能否成功構建並營運的關鍵問題，功能和人員的虛擬使傳統的溝通、激勵、控制理論和方法在虛擬企業管理中顯得無能為力。面對虛擬企業的迅猛發展和未來巨大的應用前景，人們迫切需要對虛擬企業管理的理論和方法進行創新性的研究，為其經營管理的實踐提供理論指導。縱觀國內外關於虛擬企業的研究成果可以發現，虛擬企業自 1991 年提出以來受到廣泛的關注和重視。雖然學術界對虛擬企業的相關理論問題進行了系統的研究，但是有關財務理論的研究不足，導致很多企業在沒有理論支持甚至參考的情況下盲目實踐，造成了很大損失，嚴重影響了企業的發展。例如，H 品牌（來自英國的國際品牌）於 2006 年年初推向中國市場，在人員配備和其他軟件基礎尚未成熟的情況下，盲目地進行擴張，導致資金投入不足，影響企業的正常運轉，並於當年夏季撤出市場[1]。H 品牌的虛擬經營在缺乏資金投資制度的情況下，可謂曇花一現。再如，IBM 公司將英特爾、微軟、獨立經銷商的資源整合起來生產個人計算機（PC），在短時間內確立了競爭優勢；其後，正當 IBM 公司在 PC 市場上達到頂峰時，英特爾公司幫助康柏公司偷襲了 IBM 公司，使康柏公司推出了第一臺以英特爾 80386 為基礎的 PC，而當時 IBM 兼容機還以 80286 為基礎。雖然 IBM 公司面對市場壓力進行了調整，採取了各種措施，結果仍然沒有能夠挽回頹局[2]。從某種意義上說，虛擬企業中各成員企業的協調和控制能力大大減弱，成員之間難以達成充分信任狀態，虛擬企業經營中就會存在現實或潛在的合作風險。如果這種風險無法控制，就會導致虛擬企業不夠穩定、失敗率較高。可見，風險管理制度的

---

[1] 該事件的相關信息見世界經理人網，http://brand.icxo.com/htmlnews/2007/01/15/989626_0.htm。

[2] 鄒煉忠，王光慶. 從 IBM 公司的故事看虛擬經營戰略 [J]. 現代管理科學，2003，6：30-31.

缺乏威脅到虛擬企業的延續和發展。諸如此類的例子很多，此處不再一一列舉。從中我們可以發現虛擬企業缺乏財務制度是其造成負面效應的根源，這已成為虛擬企業應用和發展的關鍵性障礙。因此，為了保證虛擬企業的順利運行，虛擬企業迫切需要關於財務制度的研究成果，這也給當前虛擬企業的理論研究帶來了巨大的應用前景。

從財務制度的研究角度來看，財務制度作為一種規範企業財務行為、處理企業財務關係的具體規則，在財務管理中具有重要作用。隨著社會經濟的發展和企業財務管理內容、方法的複雜化，財務制度問題日益受到學術界和實務界的重視。目前，中國已初步建立了一套完善的企業財務制度體系，是企業合理組織財務活動、正確處理財務關係的行動指南。但是，一些網絡組織的湧現對財務制度理論提出了新的挑戰。與此相應，如何建立適應網絡組織自身理財特點的財務制度已成為財務理論研究的新課題。本書的寫作正是在虛擬企業財務制度理論的匱乏和財務制度理論有待進一步完善的背景和環境下完成的。

1.2 國內外研究綜述

1.2.1 虛擬企業的相關研究

1. 國外對虛擬企業的研究

自20世紀90年代以來，在市場需求、技術範式、管理理念發生重大變革的背景與動因下，出現了虛擬企業這一新的經營模式，並迅速得到理論界和實務界的廣泛關注。依據對虛擬企業問題的分析角度和基本思想的不同，當前國外對虛擬企業的研究主要可以分為三類。

（1）對虛擬企業組織形式的界定、研究。

對虛擬企業組織形式的界定、研究是當前學術界的主流。主要研究內容包括：1991年，肯尼思·普瑞斯（Kenneth Press）等人認為虛擬企業是以產品創新為主題的、由市場機遇驅動的、集成適當資源所形成的一個「工程小組」。它是一個臨時性的動態聯盟，隨著機遇的產生而產生，隨著機遇的逝去而消亡。它可能因一個大公司的不同部門之間進行

合作而形成，也可能因不同國家的不同聯合而形成①。1993年，約翰·伯恩（John A. Byrne）對虛擬公司進行了較詳細的描述，認為虛擬公司是一種依靠信息技術基於特定目標的多個企業臨時組成的公司聯盟，各合作夥伴都貢獻出自己最擅長的能力，並共同分享成本和技能，以把握快速變化的市場機遇②。1994年，普瑞斯（Kenneth Press）等人出版了《敏捷競爭者與虛擬組織》的專著，對虛擬企業進行了較深入的研究，進一步擴展了虛擬組織涵蓋的範疇，並指出虛擬組織並非全新事物，而是使用了一個或多個現有的組織機制。這部著作標志著虛擬企業理論的形成，自此，虛擬企業方面的研究進入了一個新的理論研究階段③。1996年，霍奇（Hodge B. J）等開始把虛擬企業與核心能力聯繫起來，認為虛擬企業以一核心組織為中心，執行關鍵的功能，其餘功能則由暫時或簽約的人員以及由核心組織與其他組織所組成的聯盟來完成④。1999年，威廉（William B.）等人認為虛擬組織為了適應環境變化，實行組織與功能相分離，主體企業只保留一兩個關鍵功能在價值增加和核心能力上，其餘功能全部虛擬化，因此，虛擬組織小於它的外殼。威廉等區分了「空」組織與「虛」組織，並詳細探討了虛擬組織結構驅動戰略成功的條件⑤。2000年，大衛·沃特斯（David Walters）識別和比較了傳統組織和新興的虛擬組織的特點，認為當前知識管理、技術管理和學習型組織等新的管理方法、理念的迅速發展，使得許多組織忽略了成功所需要的基本分析。沃特斯試圖在過去的工業結構中找出虛擬組織的基礎，認為需要保留一個管理的責任以保證跟蹤一個精確的方法以識別和評估虛擬結構⑥。2002年，歐馬·哈里（Omar Khalil）等認為虛擬組織正在發展成為追求競爭優勢和回應電子商務需要的新的組織範式，並把虛擬組織的管理稱作元管理，元管理基本的活動包括分析和追蹤需求、定位需求的滿足和調節最佳的準則三個方面。文中指出IT的形式和管理虛擬組織的必不可

---

① PRESS K, GOLDMAN S L, ROGER N. Nagel: 21st Century Manufacturing Enterprises Strategy: An Industry-Led View [M]. Iacocca Institute, Lehigh University, 1991.
② JOHN A B. The Virtual Corporation [J]. Business Week, 1993 (8).
③ 葉永玲. 西方虛擬企業理論綜評 [J]. 河南大學學報, 2005 (3): 57-60.
④ 葉永玲. 西方虛擬企業理論綜評 [J]. 河南大學學報, 2005 (3): 57-60.
⑤ WILLIAM B, WERTHER J R. Structure Driven Strategy and Virtual Organization Design [J]. Business Horizons, 1999, 3.
⑥ WALTERS D. Virtual Organizations: New Lamps for Old [J]. Management Decision, 2000, 6.

少的基礎，並提出了一個描述 IT 在元管理對應的三個職責水準中的能動作用的分析框架①。

（2）對虛擬企業運行的最終結果的描述、界定。

1992 年，威廉·戴維陶（William H. Davidow）等認為虛擬企業是指由一些獨立的廠商、顧客、甚至同行的競爭對手，通過信息技術聯成的臨時性網絡組織，以達到共享技術、分擔費用以及滿足市場需求的目的。它既沒有中央辦公室，又沒有正式的組織圖，更不像傳統企業那樣具有多層組織結構②。1996 年，阿波格特（Applegate L. M.）等認為虛擬公司只保留協調、控制以及資源管理的活動，而將所有或大部分的其他活動外包，並進一步認為虛擬公司將大部分的活動外包的結果是減少了銷售渠道的仲介和為了協調控制其關係網絡所需的管理系統。2002 年，亨利·哲斯布羅夫（Henry W. Chesbrough）等從建立產品標準角度審視了虛擬組織的優點，認為當產品標準尚未建立時，虛擬組織作為一個整合公司，能夠努力解決聯盟網絡內的衝突，能夠突破複雜的陷於僵局的產品標準或工業標準之戰。虛擬組織由於能夠選擇採用一個特別的技術，往往能夠領先建立一個新標準。一旦新的標準確立，虛擬組織便能夠成功地進一步革新，當行業技術開始提高到一個新的水準，又開始新的循環③。

（3）對虛擬企業運行的網絡技術的研究、探討。

1995 年，查勒斯·漢德（Charles Handy）撰文強調 IT 對虛擬空間、虛擬維度的決定作用。在虛擬組織中，組織機制也是虛擬的，上級對下級實行虛擬領導和管理，人們通過 IT 進行聯絡溝通，並需要建立新的信任機制④。2001 年，羅伯特·衛勒（Robert Weller）認為虛擬組織的概念與以 Internet 為基礎的商業模式相共振，當網絡公司成熟並且其團隊模式成為主要的商業結構時，虛擬團隊成員需要利用 Internet 交流觀點並與遙遠的團隊建立關係。衛勒認為，虛擬企業的成功取決於許多因素，其中

---

① KHALIL O, WANG S. Information Technology Enabled Meta-management for Virtual Organizations [J]. International Journal of Production Economics, 2000, 1.

② DAVIDOW W H, MALONE M S. The Virtual Corporation: Structuring and Revitalizing the Corporation for the 21st Century [M]. New York: Harper Business, 1992.

③ CHESBROUGH H W, TEECE D J. Organizing for Innovation: When is Virtual Virtuous [J]. Harvard Business Review, 2002, 8.

④ HANDY C. Trust and the Virtual Organization [J]. Harvard Business Review, 1995, 3.

最主要的是技術、人才和文化問題。同年，賴內·麥克斯（M. Lynne Markus）等把虛擬組織定義為有著明確目標，通過互聯網把顧客和供應商加以聯結的企業組織，並特別強調外部資源，在外部資源模型中對目標、小組領導和爭端的解決進行了探討[①]。

2. 國內對虛擬企業的研究

在中國，對虛擬企業的研究始於20世紀90年代末期。國家863計劃和自然科學基金相繼將敏捷製造及其相關問題的研究列入了資助項目，為敏捷製造和虛擬企業在中國的研究與推廣應用起到了積極的推動作用。中國在虛擬企業的主要研究方向如組織管理、合作夥伴選擇、收益分配等方面取得了不少成果。

關於虛擬企業的特徵。張旭梅等（2003）認為虛擬企業具有虛擬化、敏捷化、網絡化、合作化、組織界限模糊性、組織存在的臨時性、人員素質的獨特性、管理職能開放性、生產經營靈活性、成員企業的互信性等特徵[②]。葉飛（2003）、萬倫來等（2001）則分別從自組織理論、生態學的角度闡述了虛擬企業的自組織特徵和類生物特徵[③④]。張煥（2012）提出虛擬企業是以協議和信任聯繫在一起的，其具有功能上的不完整性、地域上的分散性和組織結構的非永久性等特點[⑤]。

關於虛擬企業的組織。葉丹（1998）、陳菊紅等（2002）提出了以職能為中心的靜態結構和以過程為中心的動態結構的二元結構模型，並以此作為企業組織結構設計的依據，是較有代表性的一種組織模式[⑥⑦]。陳劍、馮蔚東（2002）利用IDEFO功能模型對虛擬企業的組織設計過程進行了建模研究，認為影響虛擬企業組織設計過程的關鍵要素主要包括機遇、核心能力、夥伴、企業重構、敏捷性度量、組織運行模式[⑧]。李金勇

---

① MARKUS M L, MANVILLE B, AGRES C E. What Makes a Virtual Organization Work [J]. Sloan Management Review, 2001, 1.

② 張旭梅,等. 敏捷虛擬企業: 21世紀領先企業的經營模式 [M]. 北京: 科學出版社, 2003: 59-69.

③ 葉飛. 網絡經濟時代的敏捷虛擬企業與自組織理論 [J]. 華南理工大學學報, 2003 (1): 44-47.

④ 萬倫來. 虛擬企業類生物特徵及其生長機理透視 [J]. 科研管理, 2001 (4): 52-56.

⑤ 張煥. 試論虛擬企業的特點及其發展趨勢 [J]. 人力資源開發, 2012 (10): 73-74.

⑥ 葉丹. 企業敏捷性及其度量體系 [J]. 中國機械工程, 1998 (4): 21-23.

⑦ 陳菊紅. 靈捷虛擬企業科學管理 [M]. 西安: 西安交通科技大學出版社, 2002: 29-43.

⑧ 陳劍, 馮蔚東. 虛擬企業構建與管理 [M]. 北京: 清華大學出版社, 2002: 23-24.

等（2000）認為，在虛擬企業的內部包含經紀人、研發、採購、生產、銷售、產品服務五個分系統，並相應地界定了其職能[①]。葉飛（2002）、孫東川（2002）提出了從機遇識別、合作夥伴選擇、企業形成、企業運行，到企業重構或解散的生命週期過程來研究虛擬企業的組建[②]。

關於虛擬企業合作夥伴的選擇。錢碧波等（1999）提出了基於初選、精選、後勤可行性評估的，由10個大項、32個子項、52個具體項目組成的夥伴選擇的評價參考體系、評價辦法和夥伴選擇的數學模型[③]。葉飛和孫東川（2001）將虛擬企業的合作夥伴分為潛在合作夥伴核心能力的識別和潛在合作夥伴過去績效的綜合評價兩部分進行研究[④]。林勇等（2000）從分析市場競爭環境、確定合作夥伴的選擇目標、制定合作夥伴的評價標準、成立評價小組、合作夥伴參與、評價合作夥伴、實施供應鏈合作關係七個步驟研究供應鏈合作夥伴的選擇[⑤]。馮蔚東等（2000）提出一種基於遺傳算法的虛擬企業合作夥伴選擇的思路[⑥]。陳菊紅等（2001）將虛擬企業的夥伴選擇過程分為過濾階段、篩選階段、確定相容的合作夥伴的最佳組合階段三個階段來進行探討[⑦]。李華焰等（2000）把合作夥伴的選擇分為四個階段，即資源配置要求分析、外部評價分析、過程業績分析及內部詳細分析[⑧]。

關於虛擬企業風險管理問題。馮蔚東、陳劍、趙純均（2001）認為可利用動態合同和增加信任以規避風險，建立了一種風險傳遞算法；並提出了一個基於Web的風險核對表設計和發布框架，以實現虛擬企業中

[①] 李金勇，等. 虛擬企業組織模式研究 [J]. 中國軟科學，2000（3）：94-96.

[②] 葉飛，孫東川. 面向全生命週期的虛擬企業組建與運作 [M]. 北京：機械工業出版社，2005：10-11.

[③] 錢碧波，等. 敏捷虛擬企業合作夥伴選擇的方法研究 [J]. 機電工程，1999（6）：41-44.

[④] 孫東川，葉飛. 基於虛擬企業的合作夥伴選擇系統研究 [J]. 科學管理研究，2001（19）：59-62.

[⑤] 林勇，馬士華. 供應鏈管理環境下供應商的綜合評價選擇研究 [J]. 物流技術，2000（5）.

[⑥] 馮蔚東，等. 基於遺傳算法的虛擬企業夥伴選擇過程及優化模型 [J]. 清華大學學報，2000（4）：120-124.

[⑦] 陳菊紅，等. 虛擬企業選擇過程主方法研究 [J]. 系統工程理論與實踐，2001（7）：48-52.

[⑧] 李華焰，等. 基於供應鏈管理的合作夥伴選擇問題初探 [J]. 物流技術，2000（3）：27-31.

的風險監控①。葉飛和孫東川（2004）提出的面向虛擬企業生命週期風險管理的概念框架遵循一般的風險管理理論，並將虛擬企業生命週期的風險管理分為風險識別、風險評估、風險監控三個階段②。閆琨、黎涓（2004）分析了虛擬企業面臨的風險問題及其產生的原因，建立了評估其風險的模型，並引入風險因子的概念，提出應用模糊綜合評判法對一個虛擬企業的系統風險進行綜合評估③。高長元等（2012）基於高新技術虛擬企業的資本界定以及投資收益的計算，提出表現風險程度和具體損益值的風險衡量模型④。

關於虛擬企業成本管理問題。石春生、李錦勝等（2001）引用會計學中的作業成本法（ABC），進行了作業分析和作業重構，並建立了適合於虛擬企業自身的作業成本控制方法⑤。鄭毅、秦翠榮（2002）認為虛擬企業戰略成本管理關注成本驅動因素，運用價值鏈分析工具進行分析，提出價值鏈分析、戰略定位分析、成本動因分析構成了虛擬企業戰略成本管理的基本框架⑥。邱妘（2003）剖析了全面供應鏈的管理思想，從作業管理的角度建立作業成本控制系統⑦。鄭毅、邰曉紅（2003）提出虛擬企業的成本是廣義成本概念，其中涉及的成本包括網絡信息成本、市場機遇的捕捉成本、核心能力的確定與培養成本、合作夥伴的選擇與確定成本、協調成本、解散重構的調整成本、風險成本等⑧。劉松、高長元（2006）分析了高技術虛擬企業在合作過程中成本投入的多樣性和無邊界性，提出對各成員企業的成本按其消耗邊界分類管理的思想，建立了高

---

① 馮蔚東，陳劍，趙純均．虛擬企業中的風險管理與控制研究 [J]．管理科學學報，2001 (6)：1-8．

② 葉飛，孫東川．面向生命週期的虛擬企業風險管理研究 [J]．科學學與科學技術管理，2004 (11)：130-133．

③ 閆琨，黎涓．虛擬企業風險管理中模糊綜合評判法的應用 [J]．工業工程，2004 (5)：40-43．

④ 高長元，王曉明，李紅霞．高技術虛擬企業風險衡量模型 [J]．科技進步與對策，2012 (3)：101-103．

⑤ 石春生，李錦勝，劉洋．虛擬企業運行過程中基於ABC的成本控制方法 [J]．高技術通訊，2001 (1)：66-68．

⑥ 鄭毅，秦翠榮．虛擬企業戰略成本管理研究 [J]．技術經濟，2002 (10)：42-44．

⑦ 邱妘．虛擬企業供應鏈管理中作業成本控制系統的構建 [J]．財貿研究，2003 (6)：77-81．

⑧ 鄭毅，邰曉紅．虛擬企業關鍵成本剖析 [J]．技術經濟，2003 (3)：39-41．

技術虛擬企業成本管理機制的基本框架①。

關於虛擬企業收益分配問題。葉飛等（2000）認為虛擬企業建立之後，如何在其成員間合理分配利益，將是合作成功的關鍵。他們針對虛擬企業利益分配問題，提出了夏普利值法（Shapley法）、Nash談判模型、簡化的MCRS（Minimum cost – Remaining savings）、群體重心模型四種分配方法②。馮蔚東、陳劍（2002）針對一個產品研發級的虛擬企業，綜合考慮其夥伴投資及所承擔的風險，利用模糊綜合評判法，給出一種收益分配比例計算方法③。陳菊紅等（2002）應用博弈論建立了虛擬企業收益分配的博弈模型，並進行了相關分析，所得出的結論可直接用於虛擬企業的收益分配策略的制定④。葉飛（2003）從協商的角度提出了三種利益分配方法：基於不對稱Nash協商模型的虛擬企業利益分配方法；從合作夥伴滿意度水準的角度提出了基於滿意度水準的虛擬企業利益分配協商模型；在傳統的群體重心模型的基礎上，建立了虛擬企業利益分配的群體加權重心模型⑤。張後斌（2003）運用可拓學中轉換橋的理論與方法，對虛擬企業在營運過程中出現的收益分配衝突，進行了協調研究，為管理者提供一種形式化的操作方法⑥。盧紀華、潘德惠（2003）採用博弈論的相關理論建立了基於技術開發項目的虛擬企業利益分配模型，把利益分配同工作努力水準、工作貢獻系數、創新性成本、風險性成本等因子相掛勾，這樣工作貢獻愈大、創新性成本愈高、承擔風險愈多，分享的利益愈多，使利益分配、風險共擔更合理更符合實際，合作雙方更容易達成共識⑦。廖成林等（2005）構建了虛擬企業的一次收益分配模型，並在此基礎上進行了一系列的相關分析，得出了各成員一次收益分配系數及其部分影響因素以及在納什均衡下各成員的努力水準，進而提出了以

---

① 劉松，高長元. 高技術虛擬企業營運模式及其成本管理研究[J]. 工業技術經濟，2006（4）：2-5.
② 葉飛，等. 虛擬企業成員之間利益分配方法研究[J]. 統計與決策，2000（7）：11-12.
③ 馮蔚東，陳劍. 虛擬企業中夥伴收益分配比例的確定[J]. 系統工程理論與實踐，2002（4）：45-49.
④ 陳菊紅，等. 虛擬企業收益分配問題博弈研究[J]. 運籌與管理，2002（2）：11-16.
⑤ 葉飛. 虛擬企業利益分配新方法研究[J]. 工業工程與管理，2003（6）：44-58.
⑥ 張後斌. 虛擬企業收益分配衝突的可拓模型及其協調研究[J]. 廣東工業大學學報，2003（3）：95-100.
⑦ 盧紀華，潘德惠. 基於技術開發項目的虛擬企業利益分配機制研究[J]. 中國管理科學，2003（10）：60-63.

激勵為目的的收益再分配策略與以約束為手段的懲罰策略相結合的二次收益分配機制，以使虛擬企業在一定條件下能夠達到帕累托最優狀態[①]。雷宣雲、葉飛、胡曉靈（2005）從博弈論角度論證了共享產出模式適合戰略性合作夥伴，利用 Nash 協商模型建立了以保留收益為談判基點的虛擬企業戰略性合作夥伴利益分配模型，並提出了一種二次利益分配模型[②]。

關於虛擬企業相關的會計、財務問題。萬雪莉（2000）分析了虛擬企業對會計假設和原則的挑戰[③]。徐漢峰（2003）分析了虛擬企業會計核算對象的確認和核算制度的確立[④]。謝良安（2003）對虛擬企業財務管理的角色定位、目標、財務關係、理財手段和方法、財務評價和考核五個方面進行了探討，認為虛擬企業財務管理是與扁平化的組織結構相適應的一種橫向管理，以網絡技術為基礎，實現財務信息資源系統化，其功能是確定財務戰略和財務目標、處理財務關係、進行財務分析等[⑤]。程宏偉（2003）分別從虛擬企業融資、財務治理、財務風險等方面對財務問題進行分析[⑥]。鄒航等（2004）指出固定的、程式化的財務結構無法適應虛擬企業的需求，應該對財務組織進行創新，提出應當建立財務委員會[⑦]。朱小平等（2004）認為虛擬企業存在營運風險，應當從專用投資風險、信用管理、成本控制、財務激勵與約束機制等方面進行財務控制[⑧]。彭嵐（2004）認為基於產品的虛擬企業應實現風險現金流量管理，並建立以風險現金流量管理小組為核心的虛擬企業風險現金流量動態管理機制[⑨]。蔡春、陳孝（2005）提出機構虛擬型企業採用收益法、功能虛擬型企業採用市盈率乘數法進行虛擬企業的價值評估[⑩]。鄒豔（2007）總結了

---

① 廖成林，等.虛擬企業的二次收益分配機制研究［J］.科技管理研究，2005（4）：138-140.
② 雷宣雲，葉飛，胡曉靈.虛擬企業戰略性合作夥伴利益分配方法研究［J］.工業工程，2005（9）：15-17.
③ 萬雪莉.論虛擬企業對傳統會計理論的衝擊［J］.財會月刊，2000（10）：8-9.
④ 徐漢峰.虛擬企業簡易會計制度設計［J］.財會月刊，2003（12）：25-26.
⑤ 謝良安.芻探虛擬企業的財務管理［J］.財會月刊，2003（7）：27-28.
⑥ 程宏偉.虛擬企業財務問題探討［J］.財會月刊，2003（6）：27-28.
⑦ 鄒航，等.芻議虛擬企業的財務管理［J］.商業時代，2004，27：54.
⑧ 朱小平，等.試論虛擬企業的營運風險及財務控制［J］.財會通訊，2004（9）：9-11.
⑨ 彭嵐.資本財務管理：面向企業新價值目標［M］.北京：科學出版社，2004.
⑩ 蔡春，陳孝.虛擬企業價值評估研究［J］.經濟學家，2005（3）：14-21.

虛擬企業財務管理的特點，並對虛擬企業的財務管理體系進行探討①。張麗（2013）分析了虛擬企業的出現對財務管理理念、財務管理對象、籌資經營活動的影響②。

1.2.2 財務制度安排的歷史檢視

近年來，國內外財務制度安排的相關研究文獻可謂「汗牛充棟」，並從不同側面取得了大量的研究成果。在西方，財務管理作為一項獨立的管理活動，至今已有百餘年的歷史，在這一百多年裡，財務管理的內容不斷得到拓展，並在企業管理中扮演著越來越重要的角色。西方財務制度安排大致經歷了以下幾個主要階段：①在原始股份經濟時期，財務制度安排強調對資產的記錄和保管；②隨著股份公司的迅速發展，要求企業及時籌措大量資金，並在財務關係上處理好公司與投資者、債權人之間財務的權、責、利關係，為此，這一階段財務制度安排的基本目標是籌集所需資金，正確權衡、維護投資者和債權人二者之間的利益；③20世紀30年代的經濟大蕭條和金融市場崩潰時期，投資者嚴重受損，此時企業財務制度安排要求公司財務報表能夠真實地反應其財務狀況和經營成果，維護廣大投資人、債權人以及政府的利益；④隨著國際市場迅速擴大、金融市場的日益繁榮，企業財務制度安排的基本目標是在保持最佳資本結構的條件下，使權益人的投資報酬最大化；⑤20世紀80年代以來，企業財務管理開始朝著綜合性管理的方向發展，與此相應，財務制度形成了以財務決策為核心、以公司價值最大化為目標的財務體系③。可見，作為對財務管理活動加以規範、約束的財務制度，與企業財務管理活動發展軌跡在邏輯上具有「歷史的一致性」。

在中國，就政府頒布的有關規定來看，財務制度整體可以分為零散財務制度階段（1949—1992年）和系統財務制度階段（1993年以來）。零散財務制度階段是制度的主體內容仍在資金、成本、利潤範圍之內，並散見於各項規定中，沒有完整、系統地涵蓋上述內容的財務制度。系統財務制度階段是財政部發布了《企業財務通則》和《工業企業財務制

---

① 鄢豔. 虛擬企業的財務管理研究 [D]. 成都：西南財經大學，2007.
② 張麗. 虛擬企業財務管理框架體系與流程研究 [J]. 財會通訊，2013（2）：66-67.
③ 馮建. 企業財務制度論 [M]. 北京：清華大學出版社，2005：20-22.

度》等行業的財務制度，全面、系統地規範了有關資金（籌資、投資）、成本、利潤的財務行為，並第一次冠以「財務制度」字樣。財政部2006年對《企業財務通則》進行了修訂，對企業財務管理體制、資金籌集、資產營運、成本控制、收益分配、重組清算、信息管理、財務監督等方面進行了詳細的規定。

　　此外，中國學者一向強調制度在企業財務管理中的重要性，並對財務制度理論展開了討論。研究早期主要是圍繞財務管理體制進行探討，後來的研究則深受新制度經濟學的影響。1980年，柳標在《改革企業財務管理體制問題》中提出，研究企業財務管理體制，首先要弄清企業財務管理體制是一種什麼樣的管理制度，並提出企業財務管理體制是利用價值形式對企業的生產經營活動進行管理的一種管理制度①。1989年，郭復初教授在《論初級階段財務管理體制的性質與特徵》一文中提出，財務關係的基本內容包括財權關係、財責關係和利益分配關係。財務管理體制是處理財務關係的基本制度，也就是確定財務管理中各有關方面之間關於財權分割、財責劃分與利益分配的基本內容與基本模式的制度②。其後，郭教授在《社會主義初級階段財務管理體制》一書中，分別就工業企業財務管理體制、農業企業財務管理體制、建築企業財務管理體制、交通運輸業財務管理體制、商業企業財務管理體制、聯合企業財務管理體制、中外合資經營企業財務管理體制進行了詳盡的探討③。1997年，楊淑娥教授在《試論財務體制演進的動因與規律》一文中分析了企業財務管理體制的屬性：財務管理體制是調節特定的經濟利益關係的，是特定時期生產關係的綜合反應，因而它必須和特定時期的生產力發展相聯繫；財務體制屬於財務管理工作的「上層建築」和「意識形態」，它對其「經濟基礎」——企業理財活動起著推動、促進和導向作用；財務體制構建是企業管理當局與其授權人（投資主體）的共同行為，是一種主觀意識作用的結果④。1995年，湯業國提出構建「國家法律體系—投資者財務監控制度—企業內部財務制度」構成的財務管理體制⑤。1998年，馮

---

① 柳標. 改革企業財務管理體制問題 [J]. 財政問題講座, 1980 (6).
② 郭復初. 論初級階段財務管理體制的性質與特徵 [J]. 四川會計, 1989 (11).
③ 郭復初. 社會主義初級階段財務管理體制 [M]. 成都：西南財經大學出版社, 1991.
④ 楊淑娥. 試論財務體制演進的動因與規律 [J]. 當代經濟科學, 1997 (2).
⑤ 湯業國. 從財務主體的歸屬看中國財務管理體制的改革 [J]. 四川會計, 1995 (10).

建教授在《財務專論》（郭復初教授領著）中提出，按照制定主體的不同將財務制度分為廣義財務制度和狹義財務制度。其中，廣義的財務制度是由國家權力機構、有關政府部門以及企業內部制定的用來規範企業同各方面經濟關係的法律、法規、準則、辦法以及企業內部財務規範的總稱，包括宏觀財務制度（如《企業財務通則》《行業財務制度》等）與微觀財務制度（企業內部財務制度）。狹義的財務制度又稱為企業財務制度，是由企業管理層制定的用來規範企業內部財務行為、處理企業內部財務關係的具體規範。同時，按照管理環節、管理職能、管理對象的不同，該文對財務制度進行了詳細的劃分①。1998 年，馮建教授、伍中信教授等在《企業內部財務制度設計與選擇》一書中，針對籌資、投資、收入、成本、利潤分配等具體環節，提出了具體可操作的、可行的財務制度②。1999 年，馮靜提出中國目前的財務制度是一個由財務管理體制、企業財務通則、行業財務制度、企業內部財務制度組成的制度體系③。1999 年，宋獻中教授在其博士論文《合約理論與財務行為分析》中強調，制度安排是制度的具體化，制度安排可以是正規的，也可能是非正規的；同時指出財務制度是一套規範和約束財務行為的程序，包括財務治理結構與財務法規、準則、辦法等④。2005 年，李心合教授借鑑西方新制度經濟學與行為學的方法來研究財務制度，提出了網絡型財務體系，並將財務制度分為財務本體性制度和財務關聯性制度兩大類⑤。財務本體性制度，又可以分為微觀財務制度和宏觀財務制度兩個層次。微觀財務制度是公司自行組織制定的僅在內部適用的財務規章制度，而宏觀財務制度是由國家或政府制定的適用於所有企業或部分企業的財務性制度。財務關聯性制度按其表現形式來劃分，可分為正式制度和非正式制度。非正式的制度，諸如道德規範、習俗、信任等，內生於公司財務行為之中，並構成對公司財務行為的規範約束。2005 年，馮建教授在《企業財務制度論》一書中，從經濟學原理出發，以企業生命週期為指導，對財

---

① 郭復初. 財務通論 [M]. 上海：立信會計出版社，1997.
② 馮建，伍中信，徐加愛. 企業內部財務制度設計與選擇 [M]. 北京：中國商業出版社，1998.
③ 馮靜，曾鳳. 對財務制度的再認識 [J]. 財會通訊，1999（4）：22.
④ 宋獻中. 合約理論與財務行為分析 [D]. 成都：西南財經大學，1999.
⑤ 李心合. 論制度財務學構建 [J]. 會計研究，2005（7）：46.

務制度的制定、評價、調整做出了系統的探討①。

1.2.3　簡要評價

從財務制度安排的歷史過程來看，雖然西方財務制度的內容幾經變遷，但是財務制度是融入財務活動之中，並主要圍繞財務管理的重點內容進行安排設計的；財務制度是企業所有者或由所有者委託企業管理者制定、實施的，不具有法規性、強制性。在中國，財務制度是由國務院批准、財政部頒布實施，同時，將其視為財務理論的重要組成部分。政府有關部門和相關學者對財務制度進行了一系列的研究，基本對財務制度的含義和內容取得了肯定性共識和顯著進展。在實踐中，財務制度已經成為企業規範財務活動、處理財務關係的行為準繩。而目前進入以信息技術為代表的網絡經濟時代，生產的社會組織形式發生了一系列新的變化：一是企業之間縱向非一體化和橫向非一體化有序地發展起來，即生產的專業化、社會化更加深化；二是企業與企業之間的交易關係隨著日益發展的外包、供應鏈協調、特許經營等方式的出現，更加複雜化；三是出現了以虛擬企業為代表的新的社會生產組織形式，實現了以快速回應客戶需要為目的的跨地區企業之間靈捷生產式的合作。這些紛繁複雜現象中的一個共同特點是：市場的自組織代替了企業的組織；跨企業緊密協調的準一體化代替了企業實體意義上的一體化；縱橫交錯的企業網絡代替了日益增大的單個企業。而現有財務制度的研究成果僅是針對傳統企業模式的財務運作加以規範、引導，並未針對新型網絡組織形式財務管理的特點。倘若網絡組織一味套用現有財務制度的有關規定，必然會降低財務制度應有的效力，甚至影響企業的整體運作，這就增加了研究新型網絡組織形式財務制度的緊迫性。

在各種的網絡組織形式中，虛擬企業是最能體現企業網絡性質的一種類型，並將組織結構的根本性變革發揮到了極致②。虛擬企業由於具備傳統企業無法比擬的優點，已經在管理實踐中嶄露頭角並得到國內外理論界和實務界的廣泛關注。從國內外學者的研究成果來看，以往有關虛擬企業的研究呈現出以下幾個特點：①研究內容較廣，涉及虛擬企業的

---

① 馮建. 企業財務制度論 [M]. 北京：清華大學出版社，2005.
② 劉東. 企業網絡論 [M]. 北京：中國人民大學出版社，2003：32.

各個方面，並取得了一定的成果。具體來說，國外主要研究了虛擬企業的構成要素、運行、管理等方面。中國的研究則是在兩個層面上進行的：第一層面側重從企業組織、結構、營運的角度研究虛擬企業的實現；第二層面則側重從技術的角度研究虛擬企業製造、企業集成和協同的實現方法和關鍵技術。這體現了研究虛擬企業的兩個研究方向和兩種思路。②研究方法側重於數理模型構建加定性探討，從而使得研究結論具有一定說服力。

由於虛擬企業是一種新的企業範式，其理論研究是一項複雜的系統工程。目前，國內外關於虛擬企業特別是其運行、管理等方面的理論研究才剛剛起步，還存在以下不足和有待完善之處。

（1）概念界定不統一。虛擬企業作為管理學的一個新概念，由於研究者的研究方法和分析角度不同，沒有一個明確的概念內涵。有的學者強調虛擬企業的形式特徵，有的學者側重虛擬企業的技術特點。這些定義都反應了虛擬企業的部分特徵，不能全面地反應出虛擬企業的實質，我們很難從這些定義中得到虛擬企業是什麼的準確回答。正是由於存在這種認識上的偏頗，我們很難把握虛擬企業的本質內涵，進而影響虛擬企業的進一步研究。

（2）研究的進程、廣度、深度不平衡。虛擬企業理論的研究已經廣泛地展開，但研究的進程、廣度、深度及投入的力量存在很大的差異，研究空間較大。儘管國內外對虛擬企業的研究已經進行了十多年的時間，但大量的研究仍集中在虛擬企業的優勢、虛擬企業的組織結構、虛擬企業的網絡技術等方面；而對虛擬企業管理理論與方法、虛擬企業協調委員會（ASC）的研究較為薄弱。

（3）研究欠缺系統性，學科面較為狹窄。目前，對虛擬企業的研究仍以概念性、描述性、框架性的定性研究居多，對虛擬企業實際運作中的問題的解決方法缺乏系統研究。此外，虛擬企業理論研究無論在國外還是國內都是由國家主導、社會力量積極參與的。研究者以機械製造工程、計算科學與通信工程等專業技術的研究人員為主，管理學、經濟學、法學、社會學等其他相關專業人員相對參與得較少，研究缺乏系統性和多學科交叉性。

（4）虛擬企業財務制度安排的研究不足。從財務制度的功能和作用來看，它是規範企業財務活動、協調各種財務關係的具體規則的集合，

以提高企業財務資源的配置效率，保證各項工作的順利進行。由目前掌握的文獻可知，從財務制度的視角對虛擬企業進行的研究尚不深入，僅有若干相關問題零散地融入虛擬企業會計、財務等方面的初步研究之中，缺乏系統的研究。儘管出現不少虛擬企業合作夥伴的選擇、風險管理、成本管理、收益分配等財務相關問題的研究成果，但其內容都局限於對某一問題的分析，且注重理論研究，缺乏可操作性和指導性；同時，忽略了各財務問題之間的聯繫。

綜上所述，虛擬企業不僅是一個複雜的系統，而且也是一個嶄新的網絡組織形式，正處於不斷發展和完善之中。研究虛擬企業的根本目的應當是為了更好地完善虛擬企業的運行機制，促進虛擬企業組建與運行的有效性。針對現有研究成果的不足，需要在進一步明確虛擬企業內涵的基礎上，拓寬研究範圍，從財務制度安排的角度系統地規範相關財務活動、理順財務關係，以便提高虛擬企業的運行效果。鑒於此，本書認為從財務制度安排的角度對虛擬企業的運行機理進行考察，不失為一種有益的嘗試。

1.3　研究意義

虛擬企業正成為網絡經濟條件下企業發展的趨勢和主要的組織運行模式。這種新型的企業組織形式將徹底改變傳統的一體化企業組織運行理念、模式、方法，並給企業注入新的生命力與活力，將有助於提高企業適應市場、把握市場機遇的能力以及獲得長久的競爭力。因此，有關虛擬企業的研究已成為管理理論界的研究重點之一。本書則以制度建設層面的應用性研究為主，擬在對虛擬企業運行特點進行洞察分析的基礎上，系統探討虛擬企業財務制度安排的構建方略，並進行具體的制度設計，力求為虛擬企業的健康發展提供智力支持。本書具有十分重要的理論與實踐意義。

第一，有利於拓展財務制度理論。從財務制度的歷史沿革來看，西方財務制度內容的不斷拓展和中國財務制度的改革動議說明構建財務制度具有客觀的必要性和科學性，而虛擬企業的出現給財務制度理論帶來了挑戰。本書在財務制度一般性描述的基礎上，結合虛擬企業自身的特

點，構造出虛擬企業財務制度安排的內容框架並進行全面的理論詮釋和探究，這將對現有財務制度理論進行深化、擴充和豐富，因此，具有較強的理論拓展意義。

第二，有利於推動虛擬企業理論的深入研究。目前，虛擬企業理論的研究總體上處於前期研究階段，主要對虛擬企業模式做了多方探索，提出了多種企業模式。本書從財權配置的視角重新審視虛擬企業的組織模式、分析虛擬企業的運行過程等，對於深化協調委員會等理論的研究將起到積極的促進作用。所以，本書在繼承現有理論研究成果的基礎上，豐富了研究內容，這將進一步拓寬虛擬企業研究的思路，增強研究深度。

第三，有利於財務學研究走出純技術主義的誤區。迄今為止，財務學已經發展出一個富有活力的內在有機的方法體系，其中財務學的研究範式是承襲主流經濟學的「理性選擇範式」[①]。由此，現有財務學形成了對財務經濟性效率和經濟性規則的過分關注，重視財務的操作性技術方法，如財務決策的技術方法、財務預算的技術方法、財務控制的技術方法和財務分析的技術方法等。企業財務效率大大提高的同時，技術主義財務學割裂了企業財務行為與社會因素的內在聯繫，並使人類的一些基本價值準則遭到踐踏。而制度是充分發揮理財者創造潛能和積極性的「啟動器」，本書對財務制度的探討有利於擺脫技術主義財務學的傳統，將制度、文化、人等社會因素納入財務學的分析框架，以此來開闢新的財務學研究路徑，走出財務學的純技術主義的誤區。

第四，有利於指導虛擬企業運作。中國企業正處於轉型階段，一方面需要理論指導，另一方面需要模式參考。目前，中國企業主要存在兩種轉型方式：一種是國有企業向現代企業的轉型，這種轉型主要是企業產權制度的轉型；另一種是在新經濟背景下，從傳統企業模式向新型企業模式的轉型，這種轉型是企業規制的轉型，即由縱向一體化組織向扁平化組織的轉型。前一種轉型經過20多年的努力，已經進入尾期；後一種轉型則被中國企業界高度重視，虛擬企業則是這種轉型的最佳途徑之一。但虛擬企業的組織不穩定性和管理的複雜性使得該組織模式還存有明顯的不足。在這種情況下，本書的研究有利於指導企業認清企業虛擬化的發展趨勢，增強企業虛擬化建設的使命感和緊迫感，指引虛擬企業

---

① 李心合. 財務理論範式革命與財務學的制度主義思考 [J]. 會計研究，2002 (7): 3.

運作的正確實施。

1.4 研究思路與框架

本書主要沿著財務制度和虛擬企業有機結合和由一般到特殊的思路，探討虛擬企業財務制度構建的理論、方略，並進行具體的制度設計。整體來看，本書由五部分組成，各部分關係如圖1-1所示。

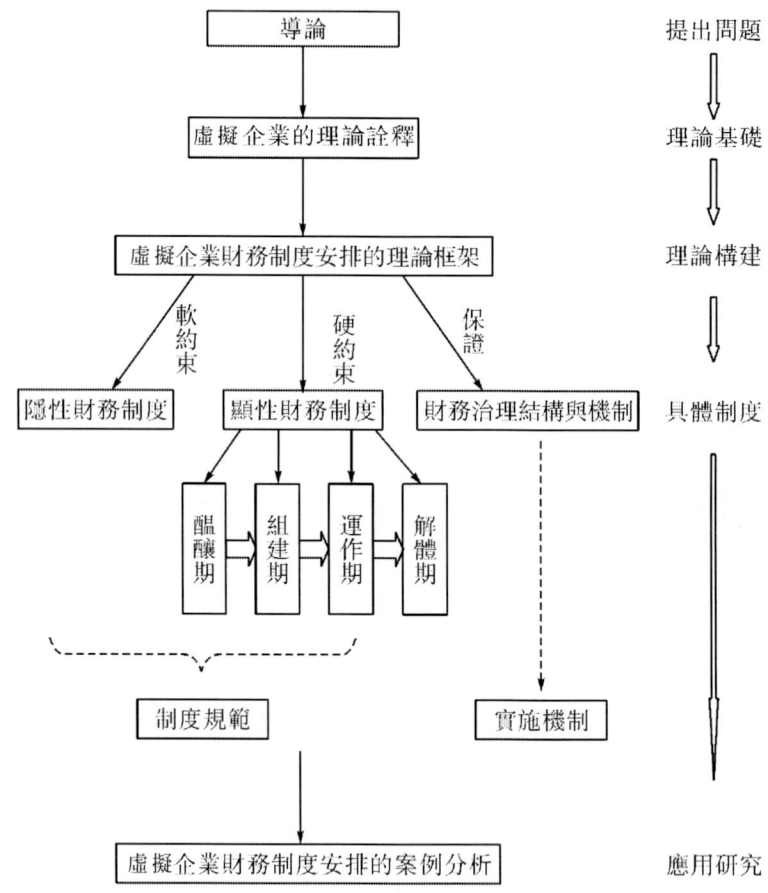

圖1-1　虛擬企業財務制度安排研究的內容框架

第一部分（第1章）為緒論，說明本書的研究背景、研究意義、研究思路與研究方法。

第二部分（第 2 章）為虛擬企業的理論詮釋，分析虛擬企業的相關理論問題，為本書的研究提供理論鋪墊。

第三部分（第 3 章）研究虛擬企業財務制度安排的理論結構，為第 4、5、6 章提供基本理論分析框架。本章從目標、本質、主體、對象、假設等問題的界定出發，結合虛擬企業的特性，構建出虛擬企業「立體式」的財務制度安排框架。

第四部分（第 4 章至第 6 章）對虛擬企業具體的財務制度進行詳細的探討，這是本書的主體內容。本部分逐一討論了「顯性財務制度安排—隱性財務制度安排—財務治理結構與機制」各部分的內容和策略。

第五部分（第 7 章）對虛擬企業財務制度安排進行案例分析。

1.5　研究方法

根據研究的內容，本書主要採用了以下幾種研究方法：

第一，規範研究法。規範研究主要回答「應該是什麼」的問題，由於本書的部分內容屬於純理論的研究，首先必須構建具有說服力的理論框架，從中得出有意義的結論，並指導全書的分析。本書第 3 章構建出虛擬企業財務制度安排的理論結構和內容框架，回答了「虛擬企業財務制度安排應該是什麼」的問題；其後的第 4、5、6 章又具體地說明虛擬企業顯性財務制度、隱性財務制度、財務治理「應該是什麼」的價值判斷，因此，規範研究法將成為本書的主要研究方法之一。

第二，數理分析法。數理模型是建立在比較細緻的邏輯分析基礎上的定量刻畫方法，具有一定的說服力；同時，採用數理模型也充分體現了定量研究為理論分析服務的研究理念。本書運用數學模型對虛擬企業的邊界進行比較分析，說明虛擬企業的邊界具有動態性；通過市場機遇價值評估、預計期望收益的衡量、利益分配、信息基礎設施投資等數理模型分析，說明顯性財務制度應該如何選擇、安排；採用有關數理模型推斷了關係資本的價值衡量。

第三，案例研究法。一個典型案例是對某一類經濟問題的生動描述，是對特定經濟過程及其複雜情景的準確刻畫和真實再現。基於此，本書用大量的案例作為虛擬企業財務制度安排的佐證，如第 5 章中跨文化管

理下的財務制度部分，就配有諸多國內外虛擬企業相關典型案例作為支持，這樣起到增強理論說服力的作用。第 7 章對美特斯·邦威和 IBM 公司 PC 業務進行分析，得出虛擬企業財務制度安排的現狀，為中國虛擬企業進行財務制度安排提供了啟示。案例分析與理論分析的相輔相成，對於研究結論的取得和研究成果的科學性大有裨益。

第四，歸納分析法。本書所研究的虛擬企業財務制度安排問題是一個跨學科的命題，既涉及經濟學的知識，又涉及管理學、社會學等學科的相關理論，所以，這就需要借鑑這些學科的研究成果為本書的研究服務。本書第 2 章從經濟學、管理學、社會學的視角分析了虛擬企業的邊界屬性、組織屬性等問題，為構建虛擬企業財務制度安排提供了研究基礎；第 3 章中從制度經濟學和現代財務理論兩個方面分析了財務制度安排的理論基礎，為財務制度安排的結構框架奠定了研究前提。

1.6 創新及不足之處

本書的創新點主要體現在：

創新一，本書從經濟學、管理學、社會學的角度分析了虛擬企業的性質。這種多方位、多視角的分析有助於深刻理解虛擬企業的內涵，為研究虛擬企業財務制度安排奠定基礎。

創新二，本書借助新制度經濟學的相關理論，系統、全面地梳理了財務制度安排的相關內容，並對企業財務制度安排的理論框架進行了一般性描述。在此基礎之上，本書結合虛擬企業的特性，對財務制度安排基本要素的內涵進行理論拓展，進而提出虛擬企業「立體式」的財務制度安排框架。

創新三，本書依據虛擬企業具有的明顯的生命週期性特徵，將顯性財務制度劃分為醞釀期財務制度、組建期財務制度、運作期財務制度和解體期財務制度。這種劃分有利於虛擬企業根據不同階段的特點，制定不同的財務規範內容，從而提高制度安排的可操作性。

創新四，本書擴展資本的內涵，並以資本泛化為基礎，利用關係資本分析虛擬企業隱性財務制度安排。本書提出了維護虛擬企業關係資本的具體措施，有利於提升財務「軟控制」的約束力，對虛擬企業財務制

度安排具有現實指導意義。

　　創新五，本書在財權配置的基礎上，結合虛擬企業財務治理的特點，並以星型模式和聯邦模式為例，說明虛擬企業財務組織的結構安排。本書按照所有權的安排邏輯，在界定虛擬企業內部財權關係的基礎上，提出各個財務制度安排主體的權利範圍，為虛擬企業財務制度的有效實施提供保證。

　　虛擬企業財務制度安排是一個全新的、多學科交叉的研究課題，研究的難度很大。由於作者水準有限，並限於文章篇幅，一些問題還需要進一步深入研究。其一，財務倫理是一種無形規範，本書雖對其量化進行了試探性研究，但仍然缺乏可操作性。其二，資本是一個抽象範疇，學術界對於資本的劃分沒有一個統一的認識，而本書僅側重於虛擬企業關係資本的討論，難免有些局限。其三，本書結論是基於筆者目前的認識、理解程度做出的，難免存有偏頗之處。由於時間、條件的限制，本書結論沒有到現實的虛擬企業中去實施，因此，尚需實踐的檢驗和修正。

2 虛擬企業理論詮釋

組建虛擬企業是一項複雜的系統工程，有必要深入研究和分析虛擬企業的內涵和性質，明確虛擬企業的特性及組織模式。本章通過對虛擬企業範疇系統和規範的描述，為進一步的探討奠定理論基礎。

2.1 虛擬企業的溯源

虛擬企業作為一種全新的現代企業組織模式，已經為越來越多的企業所接受。許多大公司已經先後加入虛擬企業的行列，如耐克、戴爾、愛立信等。虛擬企業這種知識經濟時代出現的新型組織運作模式，必將成為21世紀組織管理的主流和製造業的主導生產方式①。所以，虛擬企業這一概念提出至今不過十幾年時間，理論界和實務界都對它產生了極大的關注。

2.1.1 虛擬企業的產生背景

虛擬企業的概念不是理論工作者為了研究而提出的一個相對抽象的名詞，也不是實務界為了吸引人們眼球而做出的炒作行為。相反，虛擬企業作為一種新型的企業組織模式，是適應當代社會、經濟發展和技術進步的產物。它的產生具有深刻的現實背景。

1. 競爭環境變化促使虛擬企業的產生

在新經濟的推動下，企業的外部競爭環境發生了一些重要的變化，

---

① 彭嵐. 資本財務管理 [M]. 北京：科學出版社，2004：200.

主要表現在三個方面。

第一，競爭態勢的加劇。經濟全球化是世界經濟不可逆轉的發展趨勢。目前，全球已進入一個「無邊界」的階段，世界各國之間在經濟上越來越多地相互依存，國際經濟貿易交往與合作更加頻繁和緊密，競爭愈來愈激烈。從競爭的廣度來看，經濟全球化弱化了國家之間、地區之間進行經濟聯繫的障礙，使得企業能夠實施全球戰略，即在全球範圍內組織研究開發、尋找合作夥伴、調整生產佈局、規劃市場佈局。這種佈局空間的擴大，給企業實施虛擬企業的運作提供了良好的發展條件；同時，也加劇了競爭，形成「國際競爭國內化、國內競爭國際化」的局面。就競爭的深度而言，速度已成為第一競爭要素。市場機遇稍縱即逝，企業是否擁有駕馭變化的能力已成為能否贏得競爭的關鍵。誰能迅速地把握時機，適應客戶或市場的需要，誰就能搶占制勝先機，在競爭中獲利。可以說，在競爭日益加劇的情況下，速度就意味著優勢。

第二，知識成為關鍵的競爭資源。隨著社會經濟的發展，知識影響著整個企業的生存環境，同時成為企業生存、競爭的基礎。統計表明，20世紀60年代以前，在影響生產力發展的因素中，有形資產的投入占60%以上，到了20世紀70年代和80年代，其比重下降到40%以下，而知識的作用占到了60%以上[1]。知識已逐步成為企業的決定性生產要素，從而導致企業管理的重點也發生改變。在工業經濟時代，企業管理的重點是生產，以提高勞動生產率為目標；在新經濟時代，企業管理的重心轉向了知識的生產和開發，其目標就是提高知識生產率，知識生產率的高低決定著企業未來的競爭水準。然而，面對科技的日新月異，企業僅依靠自身的力量來創造知識資源顯得有些「心有餘而力不足」。一方面，知識資源的培育、開發需要長期的時間累積，而企業面臨的市場機遇僅為一個時間點，這兩者時間上的差異極容易使企業喪失投資機會；另一方面，開發知識資源所需的巨額費用往往是單個企業難以獨自承擔的。面對這些情況，越來越多的企業意識到應該用企業外部的資源來彌補企業自身知識資源的不足，鞏固和提高自身的市場競爭優勢。

第三，客戶價值成為競爭中心。20世紀80年代以來，科技進步和社

---

[1] 吳光宗. 現代科學技術革命與當代社會 [M]. 北京：北京航空航天大學出版社，1991：99.

會發展使市場中的買賣關係發生了根本性的改變，生產者主導經濟逐步讓位給消費者主導經濟，形成了買方市場。消費者不再滿足於接受賣方選定的產品，而是根據自己的偏好，消費合乎意願的產品。在這一背景下，企業不再只重視數量、價格、質量的方面，滿足客戶個性化的需求將是企業競爭的著力點。由此，形成「客戶驅動市場，市場牽動企業」的生產模式，這勢必使得企業的主要視角聚焦在外部，特別是外部的客戶。客戶需求的多樣化、個性化直接決定著企業產品，企業產品的規模和質量又決定著企業的經濟效益。

2. 技術環境的改變推動虛擬企業的產生

企業競爭環境的變化使虛擬企業有了產生的必要性，而網絡技術、信息通信技術的發展極大地推動了虛擬企業的產生，並為虛擬企業的推廣提供了現實可行性。20 世紀 90 年代以來，在計算機技術的基礎上產生了一系列的技術創新，如網絡操作系統、Web 基礎等，從而進入了一個以集成性、系統性、智能化、網絡化、開放式為特徵的信息網絡時代。信息通信技術的使用極大地提高了組織的信息處理和通信能力、促使企業信息資源共享和業務過程重組等，並成為組織變革的技術支持和工作平臺。這些實現了企業技術、管理、組織內部的集成優化以及三者之間的集成優化，增強了企業的柔性、敏捷性和適應性；同時，為企業間的合作創造了便捷條件。企業可以在全球任何地方開展生產經營活動，並與世界各國的企業進行聯繫與合作，成為以全球市場為依託，以全球資源為基礎的動態組織。

面對上述競爭環境與技術環境的變化，越來越多的學者開始重新審視傳統的組織形態，並開始尋求新的模式來適應這種環境的變化。由此，導致企業內部組織與管理理念上出現了一些重大的變化，這些變化正為虛擬企業的出現創造了契機。

2.1.2 虛擬企業的提出及深化

20 世紀 50 年代以前，美國的製造業在世界上一直處於領先地位。但此後，日本在這一領域緊追不舍。特別是 20 世紀 80 年代以來，美國由於重視第三產業的發展，將製造業視為「夕陽」產業，而日本則在提出柔性生產等新的製造業理念後，在製造業領域超過了美國。譬如，1980 年日本取代美國成為世界頭號汽車生產國，汽車產量超過 1,000 萬輛，而

美國的汽車產量僅有 800 萬輛，且當年美國國內進口汽車已經占領美國市場的 28.6%。為此，美國的經濟霸主地位受到前所未有的衝擊。美國意識到自己在製造業上與日本的差距，為了奪回製造業的優勢以保持其國際競爭力，政府和企業界開始共同致力於工業生產力的研究，特別是製造業衰退的原因和對策。1991 年，美國國會提出要完成一個較長期的製造技術規劃的基礎結構，於是委託里海大學（Lehigh University）的艾科卡研究所（Iacocca）對此進行深入研究。半年後，該所的肯尼思·普瑞斯（Kenneth Press）、史蒂文·戈德曼（Steven L. Goldman）、羅杰·內格爾（Roger N. Nagel）提交了一份名為《21 世紀製造企業研究：一個工業主導的觀點》的報告。在這份報告中，他們提出了一種新的生產模式——以動態聯盟為基礎的敏捷生產模式，並創造性地提出「虛擬企業」（Virtual Enterprise）的概念[1]。

儘管肯尼思等人的研究成果主要立足於「敏捷製造」，並以製造業為背景，但是該報告展現出巨大的影響力，使虛擬企業作為一種組織形態開始受到理論工作者的重視。隨後，其他學者開始從更為廣泛的角度出發，嘗試對虛擬企業的內涵和外延進行界定。

1992 年，威廉·戴維陶（William H. Davidow）和邁克爾·馬隆（Michael S. Malone）發表了專著《虛擬公司：21 世紀公司的構建與復興》，指出新的商業時代將生產一種「廢時短，並能夠同時在許多地點滿足不同客戶需求」的虛擬產品[2]。虛擬產品的產生必然要求企業對自身組織和管理模式進行「修正」，在這一過程中虛擬企業油然而生。自此，虛擬企業的內涵得到了豐富，並作為一種組織形態得到闡述。

1993 年，約翰·伯恩（John A. Byrne）在《商業周刊》發表了名為《虛擬企業》的文章，首次明確指出：虛擬企業是為了追求環境的適應性、把握快速變化的市場機遇，而由多個企業快速形成的、暫時性的公司聯盟[3]。該文總結了虛擬企業的特點，並吸取了大量企業界人士的意見，為進一步研究虛擬企業奠定了理論基礎。

---

[1] PRESS K, GOLDMAN S L, NAGEL R N. 21st Century Manufacturing Enterprises Strategy：An Industry-Led View [R]. Bethlehem：Iacocca Institute of Lehigh University, 1991.

[2] DAVIDOW W H, MALONE M S. The Virtual Corporation：Structuring and Revitalizing the Corporation for the 21st Century [M]. New York：Harper Business, 1992.

[3] BYRNE J A. The Virtual Corporation [J]. Business Week, 1993 (8).

1995年，戈德曼、內格爾、普瑞斯又出版了名為《敏捷競爭者與虛擬組織》的專著，對虛擬企業進行了較深入的研究，進一步擴展了虛擬組織涵蓋的範疇，並指出虛擬組織並非全新事物，而是使用了一個或多個現有的組織機制①。這部著作標志著虛擬企業理論的形成，自此，虛擬企業方面的研究進入了一個新的理論研究階段。

　　此後，虛擬企業相關研究方向轉向實踐領域。1996年，肯尼思·普瑞斯（Kenneth Press）主編了《虛擬組織手冊：質量管理工具、知識財產、風險共擔與利益共享》②，針對虛擬企業的實務問題進行了一些探討。其後的研究主要是圍繞虛擬企業「合作化」展開的，如 Bernus 提出了一個基於 Agent 的虛擬組織設計方法和集成結構③；Mezgar 針對中小規模企業（SME）的虛擬企業協作形式給出了一個網絡化協調運作框架④；Katzy 提出了一個虛擬企業的應用模型，並對瑞士的製造企業進行了實證研究⑤。

　　除此之外，政府組織及一些大型企業還具體運作了虛擬企業的組織模式。如美國國家工業信息體系結構協議（National Industrial Information Infrastructure Protocol，簡稱 NIIIP）項目，該項目由美國國防高級研究計劃局（DARPA）資助，由 IBM 公司為主進行研究，旨在通過解決虛擬企業中的不兼容問題，促進企業間的合作。歐盟進行了半導體虛擬企業規劃和控制系統（A Planning and Control System for Semiconductor Virtual Enterprise，簡稱 X-CITTIC）項目，該項目的功能貫穿於整個虛擬企業的計劃和控制過程，重點是在微電子領域的虛擬企業上。在這個應用領域中，來自世界各地銷售訂單的相關製造過程都是由分佈全球的製造網絡發出

---

　　① GOLDMAN S L，NAGEL R N，PRESS K. Agile Competitors and Virtual Organizations：Strategic for Enriching the Customer [M]. Van Nostrand Reinhold：A Division of International Thomson Publishing Inc，1995.

　　② PRESS K. Handbook for Virtual Organization：Tools for Management of Quality，Intellectual Property and Risk，Revenue Sharing [M]. Bethlehem Pa：Knowledge Solutions Inc.，1996.

　　③ BERNUS P，NEMES L. Organizational Design：Dynamically Creating and Sustaining Integrated Virtual Enterprises，Proceedings of the 14th World Congress of International Federation of Automatic Control [M]. Pergamon Press，1999.

　　④ MEZGAR，KOVACS G L. Co-ordination of SEM Production through a Co-operative Network [J]. Journal of Intelligent Manufacturing，1998（9）.

　　⑤ KATZY B R. Design and Implementation of Virtual Organization [R]. Hawaii：Proc. 31st Annual Hawaii International Conference on System Science，1998.

命令來完成的。同樣，虛擬企業作為一種組織模式，也在企業實際應用中嶄露頭角。Intel 公司和 IBM 公司聯合進行虛擬開發，公司之間在芯片專利權方面相互授權，從而取得了在計算機芯片生產製造方面的全球領先優勢；Nike 公司採用了虛擬企業製造的模式，企業自身僅擁有專業技術，而不負責生產；Amazon 採用了虛擬經營策略，成為全球最大的圖書銷售網絡公司；Cisco 公司將主要精力集中於新產品開發和產品銷售兩個基本環節，其他環節則利用外部資源完成；等等。

中國在借鑑國外成果的基礎上，於 1993 年開始對虛擬企業進行研究。在研究進程中，高校、科研機構等給予了大力的扶持。國家 863 高技術發展計劃項目（863-511-930-014）、國家自然科學基金項目（70071015）、中國博士後科學基金（中博基［1999］94 號）、國家傑出青年科學基金（79825102）等，對虛擬企業構建與管理的相關問題進行了研究，其研究綜合了國內外的相關成果，主要集中於虛擬企業構建、夥伴選擇及其優化、組織運行、風險管理、協調機制等方面。這些研究為虛擬企業在中國的研究與應用起到了積極的推動作用。與此相對，小天鵝的動態聯盟、海爾集團和美斯特・邦威整合全球資源、聖象公司的虛擬經營模式、中科大汛飛信息科技公司的虛擬聯盟等都成功地採用了虛擬企業的組織模式，為進一步推廣虛擬企業奠定了現實基礎。

2.1.3 虛擬企業的內涵

由於虛擬企業產生和運行的時間不長，學界對虛擬企業的定義還未有統一的界定。從 1991 年肯尼思・普瑞斯等三位學者首次提出虛擬企業算起，迄今為止，各類學者已提出了幾十種定義。筆者歸納了國內外幾種具有代表性的觀點（見表 2-1）。

表 2-1　　　　　　　　　　虛擬企業的定義

提出者	相關定義
肯尼思・普瑞斯 史蒂文・戈德曼 羅傑・內格爾 （1991）	他們對虛擬企業含義的界定較為簡單，僅是將其作為一種企業系統化革新手段加以闡述，指出一旦產品或項目壽命週期結束，虛擬企業成員自動解散或重新開始新一輪動態組合過程

表2-1(續)

提出者	相關定義
威廉·戴維陶 邁克爾·馬隆 （1992）	虛擬企業是指由一些獨立的廠商、顧客、甚至同行的競爭對手，通過信息技術聯成的臨時性網絡組織，以達到共享技術、分擔費用以及滿足市場需求的目的。它既沒有中央辦公室，也沒有正式的組織圖，更不像傳統的企業那樣具有多層次的組織機構
約翰·伯恩 （1993）	虛擬公司是一種依靠信息技術基於特定目標的多個企業臨時組成的公司聯盟，各合作夥伴都貢獻出自己最擅長的能力，並共同分享成本和技能，以把握快速變化的市場機遇
霍奇 安索尼 吉爾斯 （1996）	虛擬企業是以一核心組織為中心，由該中心執行關鍵的功能，其餘功能則由暫時或簽約的人員以及由核心組織與其他組織所組成的聯盟來完成
沃爾頓·杰 （1996）	虛擬企業是由一系列「核心能力」的結點組成，這些結點組成一個供應鏈以抓住某一特定的市場機會
杰輝恩 （1997）	虛擬企業是無固定工作地點、使用電子通信方式進行成員間聯繫的企業。在這樣的企業中，除了硬件維護以外，所有業務都可以在公司以外進行
阿·莫尼娜 （1999）	虛擬企業是由獨立的公司通過信息網絡臨時組建的網絡，它們共享能力、基礎設施及商業過程，目的是為了捕獲某一特定的市場機遇
陳澤聰 （1999）	虛擬企業是兩個以上獨立的實體，為迅速向市場提供產品和服務，在一定時間內通過互聯網結成的動態聯盟
肖道舉 （2000）	虛擬企業就是運用以計算機技術為核心的多種技術手段，把實體、資源、創意動態聯繫在一起的組織機制
趙春明 （2000）	只要組織結構無形化、通過信息網絡加以聯結的企業組織，就是虛擬企業。網上商店、銀行及網上旅遊公司等都是虛擬企業的典型代表
陳劍 馮蔚東 （2002）	虛擬企業是以信息通信技術為主要技術手段，主要針對企業核心能力資源的一種外部整合，其目的在於迎合快速變化的市場機遇

表2-1所列出的定義，其分析的角度、體現的思想並不相同。總體來說，這些定義可以分為三個層次。第一，從信息網絡技術的角度來解釋虛擬企業，認為只要通過信息技術聯結的企業就是虛擬企業。這樣界定虛擬企業明顯十分狹隘，僅考慮了虛擬企業構建的手段，並不能完全反應虛擬企業的「全貌」。第二，從集成的角度界定虛擬企業，認為多個企業構成的臨時性組織即為虛擬企業。這種界定方法只是虛擬企業外在的表現形式，不能體現出虛擬企業運作的內涵。第三，大多數的定義是

從組織運行方式的角度來定義虛擬企業，但強調的重點卻不相同。霍奇等人強調虛擬企業的核心能力；普瑞斯等人強調虛擬企業的動態性與合作性；戴維陶、馬隆則指出了虛擬企業與傳統企業在組織結構方面的不同。

從虛擬企業產生和發展的過程來看，虛擬企業主要是針對環境變化之下實體組織的困境而出現的，並作為一種革新的企業組織形式存在。虛擬企業的含義應該能夠全方位地反應虛擬企業的運作模式及組織運作特點。筆者認為，考察虛擬企業的內涵必先瞭解「虛擬」的內涵。「虛擬」一詞是計算機領域中的一個常用術語，表示的是通過借用系統外部共同的信息網絡或信息通道，來提高信息存儲量以及存儲效率的一種方法。後來，「虛擬」的含義得到不斷的豐富和拓展。從哲學角度來看，「虛擬」是與特定時空的「實體」相對應的範疇，它克服了企業實體在配置資源方面所受到的時間與空間、內部與外部、集中與分散、優勢和劣勢等方面的約束[1]。在虛擬企業中，「虛擬」有兩方面的內涵。一是虛擬運作，即在虛擬企業這個臨時組織中各企業間不存在隸屬關係或管理關係，它們執行著類似於實體企業中各部門執行的業務，因此企業本身被虛擬了。而空心化企業，仍然作為實體企業而存在，致使原來承擔的部分業務被分離出來了。二是虛擬狀態。從企業核心能力和資源優勢的互補性來考慮，某一企業僅集中於核心和必需的資源和能力，通過動態合作化運作方式，從其他企業獲取自身缺乏的可利用資源和能力的狀態。借用「其他資源和能力」的角度來看，虛擬企業如同一個實體企業一樣，具有一個企業所有完整的資源能力，這也正體現「虛擬」的含義。上述兩種內涵，第一種內涵所定義的虛擬企業是狹義的虛擬企業，在這種情況下，虛擬企業是實體企業虛擬運作的臨時性組織形式。第二種內涵所定義的虛擬企業是廣義的虛擬企業，即分離出部分業務的空心化企業和與之合作的企業一併構成的整體被視為虛擬企業。譬如，說耐克是虛擬企業時，實際上指以耐克為首的、通過合作關係形成的企業集合。

根據上文對「虛擬」內涵的探索，借鑑各家觀點，筆者對虛擬企業做出以下定義：虛擬企業是在新經濟條件下，面對持續變化、難以預測

---

[1] 周和榮. 敏捷虛擬企業：實現及運行機理研究［M］. 武漢：華中科技大學出版社，2007：44.

的市場環境,為了獲得和利用迅速變化的市場機會,兩個或兩個以上的企業能夠能動地應用其核心能力,整合內外部各種可利用的資源和能力,可重構、可重用、可擴充(Reconfigurable, Reusable, Scalable,即RRS)的動態網絡組織。

這一定義主要包含以下內涵:

(1)虛擬企業產生和運行於以知識經濟、網絡經濟為主要內容的新經濟條件下。在此背景下,知識成為最重要的價值要素;網絡技術為企業間在全球範圍內集成提供了技術可能。

(2)持續變化、難以預測的市場環境是虛擬企業運行的環境動因。工業時代,外部環境相對比較穩定,企業可通過科學預測對市場變化做出反應;而在新經濟時代,市場變化具有極大的不確定性,只有虛擬企業這種組織模式才能迅速、快捷、高效地對市場做出反應。

(3)能動地應用核心能力,並可以快速配置內外部一切可利用的資源和能力,是虛擬企業明顯區別於實體企業的主要標志。這種能力資源的整合是建立在企業間合理的能力分工、相互借助核心能力的基礎之上的。

(4)可重構性、可重用性、可擴充性反應了虛擬企業的週期動態性。虛擬企業就是基於市場機遇而形成的,當基於市場機遇的工作完成後,虛擬企業隨之解體;當新機遇再次產生時,可以重新建立新的虛擬企業。

(5)虛擬企業是一種網絡組織,說明計算機網絡是其運作的技術基礎。只有在網絡條件下,企業間才能夠利用網絡降低交易成本並進行廣泛合作。為此,虛擬企業具有廣闊的發展空間。

2.2 虛擬企業的性質

1937年,羅納德·科斯(R. H. Coase)發表了經典論文《企業的性質》。在該文中,科斯主要從交易成本的角度討論企業出現的原因、企業邊界等問題。虛擬企業作為一種新的企業組織模式,只有清楚瞭解它的性質,才能為進一步研究虛擬企業提供充分的理論指導。虛擬企業的形成深受多學科的影響,為此,本書將從經濟學、社會學、管理學的視角分析虛擬企業的組織屬性、邊界屬性等問題。

2.2.1 經濟學視角下的理論分析

1. 虛擬企業的組織屬性

新制度經濟學認為，市場和企業是組織進行交易的兩種形式，或者說企業和市場是兩種制度安排的極端狀態。市場依靠價格機制來實現組織的交易，企業純粹依靠行政手段來維繫組織的運行。儘管兩者採用的手段懸殊，但相互可以替代，替代是否產生完全取決於交易費用和組織費用的比較。那麼，在兩種極端狀態相互轉換的過程中，必然存在著一系列的過渡狀態，有些學者稱為組織間協調。組織間協調是處於市場和企業之間的一種中間組織，屬於連續變化的由量變到質變的過渡漸進的變化方式，即可以市場性多一些而企業性少一些；反之亦可。

虛擬企業採用的正是組織間協調方式。虛擬企業與傳統企業相比，雖然在組織結構、生產流程上具有明顯的不同，但是其具有很強的依賴性，借助於其他企業的互補、互惠性的資源與能力，能夠實現傳統企業生產產品和提供服務的功能。顯然，虛擬企業具有企業一體化性質。同時，虛擬企業各成員企業又存在獨立性，它們結成的聯盟會隨著市場機遇的變化而迅速建立或解體，這又具有市場交易的特徵。因此，虛擬企業是一種「半企業、半市場」的組織形式，可以認為它是一種企業功能的外部市場化或市場交易的內部企業化。

2. 虛擬企業的邊界屬性

企業邊界有多種含義，如法律邊界、治理邊界、社會責任邊界等。而科斯所提及的企業邊界，主要指效率邊界，即「企業『內在化』最後一筆交易的費用等於市場組織這筆交易的費用那一點，這時企業和市場的規模就在邊際上達到了均衡」[1]。科斯認為，企業邊界問題換個角度來看，就是探討企業與市場的關係。他指出企業與市場就是兩種可以相互替代的資源配置手段，區別在於兩者實現的方式不同。

科斯運用交易費用對企業規模邊界進行分析，為進一步探索企業邊界指明了新的方向。此後，張五常、張維迎、威廉姆森（Williamson）等學者也相繼進行了研究。張五常認為，企業與市場的差異僅是程度問題，是契約安排的兩種不同的形式，企業並不是為了取代市場而設立的，而

---

[1] 科斯. 論生產的制度結構 [M]. 上海：上海三聯書店，1994：4.

是一種合約取代另一種合約。張維迎提出，在微觀層次上市場和企業是相互替代關係，而在宏觀層次上二者則是互補關係。威廉姆森認為影響交易費用的因素來自交易主體的有限理性、機會主義傾向、交易頻率、不確定性、資產專用性水準、市場環境等，其中資產專用性水準是影響交易費用的主要因素。為此，威廉姆森利用資產專用性水準和交易費用的相關關係，建立了企業效率邊界模型（見圖2-1）。

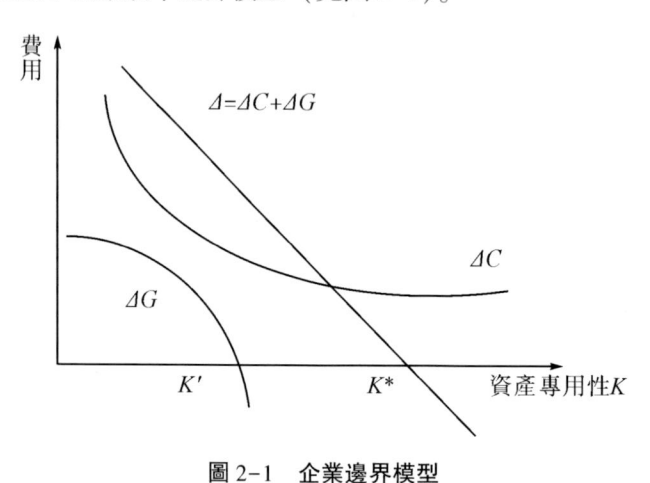

圖 2-1　企業邊界模型

資料來源：WILLIAMSON O E. The Economic Institutions of Capitalism [M]. New York: Free Press, 1985: 67.

$B(K)$ 為內部組織的治理成本，$M(K)$ 為市場治理的成本，K 表示資產專用性的程度。定義 $\Delta G=B(K)-M(K)$，ΔG 形成了組織管理費用曲線。從圖 2-1 中可以看出，當 $K=K'$ 時，$\Delta G=0$，說明市場組織管理費用等於企業組織管理費用；當 $K<K'$ 時，$\Delta G>0$，市場優於一體化企業；當 $K>K'$ 時，$\Delta G<0$，則一體化企業在控制成本方面優於市場機制。

ΔC 是生產費用曲線。企業需要的中間產品可以通過自己生產或市場購買兩種方法進行選擇。前一種情況中的企業生產的中間產品只用於企業內部需求，而後一種情況，生產該中間產品的廠商可向多個企業提供產品以實現規模經濟。因此，同一中間產品在兩種情況下的成本是有差異的。ΔC 就是第一種情況的成本減去第二種情況下的成本，它是關於 K 的減函數。K 越小越傾向於通用化，通過市場獲得的規模效益就越高；K 越大，資產的專用性就越強，企業自己組織生產的可能就越大。

由於市場和企業均存在著組織管理費用和生產費用，選擇哪種方法

就取決於這兩種體制下的兩種費用之和的比較。圖 2-1 中 $\Delta = \Delta C + \Delta G$，當 $K = K^*$，$\Delta = 0$，通過市場購買和一體化企業自行生產沒有差別；當 $K > K^*$，通過市場機制來組織該交易較為合理；當 $K < K^*$，應選擇一體化企業來安排此項交易。在資產專用性程度接近 K^* 時，就會出現組織間協調方式。

而虛擬企業正是介於企業與市場之間的過渡狀態，其邊界趨向於「模糊化」。借助於威廉姆森的研究成果，學者們進行了相關擴展，建立了虛擬企業的邊界模型（見圖 2-2）。Δ 和 Δ^* 分別表示一體化企業與市場的交易費用差異、虛擬企業與市場的交易費用差異，即 $\Delta = \Delta C + \Delta G$，$\Delta^* = \Delta C^* + \Delta G^*$。$\Delta C$ 和 ΔC^* 分別表示一體化企業與市場的生產費用差異、虛擬企業與市場的生產費用差異；ΔG 和 ΔG^* 分別表示一體化企業與市場的組織管理費用差異、虛擬企業與市場的組織管理費用差異。

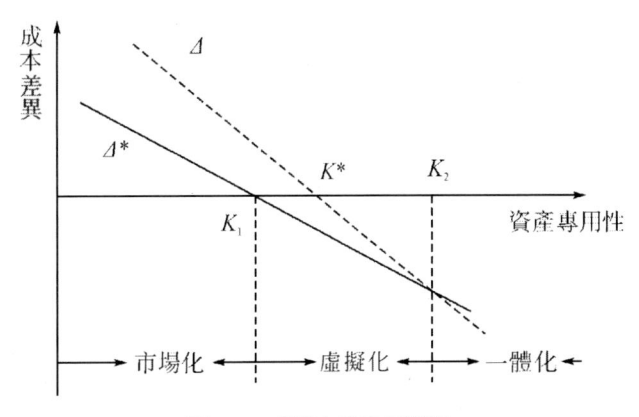

圖 2-2 虛擬企業邊界模型

資料來源：包國憲．虛擬企業管理導論［M］．北京：中國人民大學出版社，2006：129．本書借鑑了該文獻，略有刪改。

圖 2-2 表明，在 $[K_1, K_2]$ 區間上，虛擬企業比市場和一體化企業更能節約交易成本，因此，K_1 和 K_2 分別是虛擬企業的下界和上界。當 $K < K_1$ 時，虛擬企業的交易費用雖然低於一體化企業，但是高於市場的交易費用，因而交易活動由市場來組織；當 $K > K_2$ 時，虛擬企業的交易費用低於市場，但高於一體化企業，交易活動應由一體化企業來組織；只有在 $K_1 < K < K_2$ 時，虛擬企業的交易費用既低於市場，也低於一體化企業，由虛擬企業組織交易是最佳的制度選擇。

一般企業的邊界既是效率邊界，也是所有權邊界；而虛擬企業的邊界則是純粹的效率邊界，並且邊界具有動態變化的特點。這種變化從宏

觀上取決於在既定的生產條件下市場化、虛擬化、一體化三者制度優勢的競爭，從微觀上取決於由資產專用性水準的變化而導致的組織管理費用、生產費用的改變。

2.2.2 社會學視角下的理論分析

1. 虛擬企業的關係屬性

威廉姆森（Williamson）通過資產專用性及交易頻率的分析，匹配出市場化、一體化、虛擬化三類交易活動所對應的治理結構。由此引出的一個關注點是，確定的治理結構和它所嵌入的社會關係結構有著密切的聯繫。社會關係是先天因素和後天諸多因素綜合積澱而成的，具有多元化的特點。就虛擬企業這一網絡型組織來看，其各種社會關係交織在一起，更為複雜。為此，將治理結構和關係結構綜合起來，可以形成以下組合（見表2-2）：

表 2-2　　　　　　　虛擬企業治理結構與關係結構組合表

治理結構 關係結構	權威治理	雙邊治理
影響力對稱	組合一	組合三
影響力不對稱	組合二	組合四

治理結構可以簡單地劃分為兩種基本形式：一種是權威治理，即一方對其他各方具有控制權；另一種是雙邊治理，即控制權由雙方或多方共同控制，當出現問題時，各方協商解決。從嵌入社會的關係結構來看也有兩種形式：一種是影響力對稱結構，即各方關係平等；另一種是影響力不對稱結構，即一方比其他各方具有更大的影響力。由此，相互配比可以形成四種組合。其中，組合二和組合三是同構的，它們能夠通過關係結構來彌補治理結構的不完全，不會產生結構性摩擦。因為當各方為了一個細節問題產生分歧時，組合二可以由權威單方決定，而其他各方處於比較弱的地位，自然接受這種安排，不會出現摩擦；組合三中，雙方進行雙邊治理，互相協商，這與相互平等的關係相吻合，也不會產生摩擦。由於社會關係是多元的以及有限的控制能力，致使治理結構與關係結構之間的關係變得更為繁雜，可能出現非同構的情況。如在組合一和組合四中，均會出現結構性摩擦。

從虛擬企業運行實踐來看，虛擬企業為各組成成員提供了一個合作行動框架，各合作成員的身分是暫時的。隨著合作項目和合作成員的變化，同一企業的核心競爭優勢在虛擬企業中的地位也會發生變化。這就要求各成員企業能夠基於情景變化所產生的新的關係屬性不斷轉換影響力方向，不斷調整制約關係類型。只有達到治理結構和關係結構相協調，虛擬企業才可順利運行。

2. 虛擬企業的結構屬性

1973年，格蘭諾維特（Granovetter）發表了《弱關係的力量》（*The Strength of Weak Ties*）一文，強調人與人之間、組織與組織之間的交流接觸所形成的紐帶聯繫具有強度上的區別，根據強度不同可以將聯繫劃分為強聯繫（Strong Ties）和弱聯繫（Weak Ties）兩種類型。強聯繫是組織之間直接的交流、溝通；弱聯繫也是「兩點」之間的通道，為局部的溝通創造了橋樑。

虛擬企業是由多個企業相互聯結共同構成的一個企業網絡。各個企業嵌入企業網絡之中，被企業網所包裹。在企業網之中，各個企業作用不同，相互聯結的程度也有強弱之分。在虛擬企業簡要網絡結構①中（見圖2-3），A為虛擬企業的核心，B、C、D、E為虛擬企業提供輔助資源和能力。圖2-3中的實線反應的是強聯繫，虛線則代表B、C、D、E相互之間的弱聯繫。很明顯，強聯繫能夠為虛擬企業快速捕捉市場機會提供充分、及時的信息。而弱聯繫對虛擬企業也是至關重要的，因為每個企業身處企業網絡這個大背景之下，並不是孤立地給自己設定目標，而是與其他企業進行交流，要不斷調整以適應整體的需要，並按使其自身運作和整個網絡都能實現最優化的方式來運轉。故而，虛擬企業正是由強聯繫和弱聯繫相互交織共同構成的網狀結構。

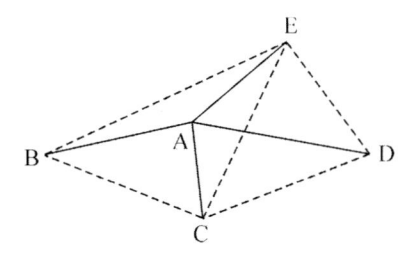

圖2-3 虛擬企業簡要網路結構圖

① 虛擬企業的組織結構將在下文中進行闡述，此處筆者僅用最為典型的具有盟主的虛擬企業網絡結構來進行說明。

2.2.3 管理學視角下的理論分析

1. 虛擬企業的個體屬性

切斯特・奧文・巴納德（Chester Irving Barnard）於 1938 年出版了管理學的經典著作《經理的職責》。在此書中，巴納德闡述了組織的基本概念，認為組織是由協作意願、共同目的和信息三個基本要素構成的。而虛擬企業作為一種組織形態存在，就因為它符合巴納德關於組織構成要素的論斷。

首先，從協作意願來看。虛擬企業是由多個成員企業組成的集合，它們必然具有共同的協作意願，只不過協作意願的強度不同，有的是為了獲取對方的技術，有的是為了利用對方的資金，也有的是為了共同對付競爭對手。目的不同，意願也隨之不同；目的的實現程度直接決定著協作意願的強弱。其次，從共同目的來看。當協作能達到虛擬企業各成員的目的時，才能激發協作行為，使各成員的行動統一於虛擬企業的共同目標之中。最後，從信息的角度來看。信息技術的變革為虛擬企業的發展奠定了基礎。正是由於通信技術的發展，虛擬企業各成員貢獻信息並通過信息交流來共享信息，最終把組織的共同目的和協作意願連接起來。因此，虛擬企業雖然打破了傳統企業組織的層次和界限，但仍具備組織三要素的特徵。

2. 虛擬企業的自組織屬性

一般來說，組織是系統內的有序結構或這種有序結構的形成過程[①]。德國理論物理學家赫爾曼・哈肯（Harmann Haken）認為，從組織的進化形式來看，可以把組織分為他組織和自組織。他組織是一個系統靠外部指令而形成的組織；自組織是不依賴外部指令，系統按照相互默契的某種規則，各盡其責，協調地、自動地形成的有序結構。自組織理論主要是研究在一定條件下，系統是如何自動地由無序走向有序，由低級有序走向高級有序的。一般來說，它主要由協同理論、耗散結構理論、超循環理論三個部分組成。虛擬企業是典型的自組織，具有明顯的自組織的特性。

（1）虛擬企業協調發展中體現協同理論。按照哈肯的觀點，協同是

---

① 該說法來自百度百科 http://baike.baidu.com/view/385080.htm。

系統中的子系統的聯合作用，即子系統在演化過程中存在著連接、合作、協調。虛擬企業是針對企業自身資源的有限性，借助其他企業的優勢資源進行彌補而形成的有機系統。虛擬企業作為一種通過緊密合作去回應變化的新型企業組織模式，它要求各成員企業以一種更加主動、更加默契的方式進行合作，最終結成一個聯盟去面向市場或客戶。如果各成員企業沒有合作，不受虛擬企業總體的約束，那麼虛擬企業就不能協調運作，必然走向瓦解。

（2）虛擬企業穩定發展中體現耗散結構理論。由於虛擬企業內部存在隨機性因素，同時還會面臨諸多偶發性因素，所以它的不確定性高於其他類型的企業組織。因而，研究虛擬企業穩定性的目的就在於控制非穩定性因素，保證虛擬企業正常運行。耗散結構理論主張的就是對不確定系統的控制和調節，這正與虛擬企業的穩定性研究不謀而合。耗散結構的形成需要兩個條件：一是系統必須是遠離平衡狀態的開放系統，二是系統的不同元素之間存在非線性關係。只有滿足這兩個條件，才能控制並調整系統內的不穩定因素，實現系統本身的進化。客觀上看，虛擬企業本身具備耗散結構形成的條件。因為在經濟系統中，虛擬企業是相對獨立的，是遠離相對穩定的上層建築的最活躍的因素；同時，它也是一個開放的系統，系統內各成員彼此存在著信息的交換，通過不斷更新維持自身狀態，形成進化機制。此外，虛擬企業的整體結構功能並不等於各成員企業功能的簡單相加，而是相互作用，形成整體大於部分之和的機理。

（3）虛擬企業進化中體現超循環理論。超循環就是通過進行循環過程，使系統能夠穩定、自我優化地進化。對於虛擬企業來說，無論是內部的生產經營活動，還是為適應社會環境而進行的組織、結構變化，都是一種超循環進化的行為。虛擬企業是基於市場機會而生，通過貢獻各自的核心能力共同組建而成的，系統有序地進行生產營運。當市場機會不存在時，虛擬企業會自動解體；一旦市場再次出現，各企業又會根據實施情況尋找新的合作夥伴重新組建虛擬企業。這種循環進化的過程正是超循環思想的完美展現。

綜上，虛擬企業是典型的自組織，是一種組織間協調方式。它突破了傳統企業的邊界，其邊界取決於 $[K_1，K_2]$ 的組織邊界，並受到生產費用和組織管理費用的總額——整體交易費用的影響。虛擬企業是由多

成員構成的網狀結構，採用多邊關係型締約活動，其內部關係結構的設置需要與其治理結構相協調。

2.3 虛擬企業的特性

特性是事物所具有的特殊的品質。虛擬企業的特性是其得以與傳統企業區分開所具備的顯著特點，包括基本特性和一般特性。虛擬企業的基本特性是虛擬企業所特有的，是辨識虛擬企業的主要標志；一般特性也是虛擬企業所具有的特點，這些特點在其他網絡組織中也可能存在。

2.3.1 虛擬企業的基本特性

1. 敏捷性

敏捷（Agile）的基本含義是指反應、動作等迅速而靈敏。將敏捷置於管理學的範疇中，它的內涵變得更加豐富。它涵蓋了與當今快速變化的競爭環境密切相關的一系列概念，如快速、靈敏、積極、適應性強等。敏捷性概念正是建立在敏捷概念基礎之上的，它反應企業在快速、持續多變而不可預測的環境中，能夠通過重組內外部可以利用的資源和能力，從而能夠快速完成調整，提供客戶滿意的產品和服務，有效地實現市場機遇的能力屬性[1]。這正是虛擬企業內涵的體現，因此，敏捷性是虛擬企業最基本的特性。

虛擬企業在全要素、全過程中都具有敏捷性。就要素而言，虛擬企業組織、人員、技術等要素都是敏捷的。各要素都必須根據新的市場需求，迅速地做出相應調整，從而帶來所有要素的重新配置以回應市場變化的敏捷性。就過程而言，虛擬企業從識別市場、決策到執行的整個過程都是敏捷的。虛擬企業的某些過程可能因外部化而虛擬化，但隨著虛擬企業的發展，整個過程逐步具備自適應性的特徵。

2. 動態性

由於外部環境的複雜性、多變性、不可預測性，導致了虛擬企業必

---

[1] 周和榮. 敏捷虛擬企業：實現及運行機理研究 [M]. 武漢：華中科技大學出版社，2007：40.

須根據外部環境變化進行動態調整，因此，虛擬企業也被稱為「動態聯盟」。一般而言，虛擬企業運行過程主要包括 7 個步驟。①尋找市場機遇。這是組建虛擬企業的原動力，也是企業敏捷性的首要活動。企業從不斷變化的市場環境中發現市場機遇，並對機遇的風險性和獲利性進行評估，以便決定是否把握機遇。這一過程的關鍵是核心企業有完備的市場信息系統、科學的機遇識別方法。②界定核心資源。這是對市場機遇中有需求的新產品（或服務）的具體特徵進行描述，並對如何實現該產品（或服務）所需的各種核心資源進行描述，以最大限度滿足客戶個性化的需要。③核心企業的自身評價。這是通過對企業現有資源的分析和評價，尋找企業現有資源和能力與新產品或服務要求的核心能力之間的差距，規劃具體資源能力需求以及當前缺乏哪些方面的資源與能力，為下一步選擇合作夥伴、合作方式提供依據。④選擇合作夥伴並確定合作方式。核心企業將所需的資源和能力通過因特網對外公布，向全球尋找夥伴企業，並對自願加入聯盟的企業進行評估，選定最佳夥伴企業。一個虛擬企業的成敗很大程度上取決於對夥伴企業的正確評價和選擇。因此，核心企業應在考慮夥伴企業核心能力、資源狀況、管理水準、人員素質等的基礎上，建立自身的評價和選擇系統。同時，夥伴的確定也是一個雙向選擇的過程，合作夥伴都應在這一過程中發揮能動的作用。⑤構建虛擬企業。夥伴企業選定之後，要確定組織結構、過程重組和優化、建立利益風險機制、建設企業文化和管理制度、制定各項標準、維護信息網絡平臺，以及通過設立利益機制為各夥伴企業提供一個更好發揮自己核心能力的環境。整個組織的構建以強化夥伴之間的合作行為、為客戶提供最大化的服務價值為著眼點。⑥虛擬企業的管理。與傳統企業相比，虛擬企業在管理過程中更加強調管理技術智能化、管理方式網絡化、管理信息集成化、管理過程人性化。⑦虛擬企業的解散。當虛擬企業面對的市場機遇消失後會自動解散，這一過程的主要內容是進行清算，並通過協議規定售後服務和質量責任，確保全過程為用戶負責，實現用戶全過程滿意。可見，虛擬企業作為一種組織形態，因市場機會的出現而組建，又因市場機會消失而自行解體，其間又先後經歷組建、運作等不同階段；同時，各階段具有明確的任務，較易劃分清楚，故而其具有非常明顯的生命週期特徵。針對虛擬企業的運行，馬托斯（Camarinha Matos, 1999）將虛擬企業的生命歷程劃分為「醞釀期—組建

期—運作期—解體期」四個階段①。所以，從運行過程來看，虛擬企業極富動態性。

此外，虛擬企業是以獲得市場機會為動力，在其運行過程中，核心企業根據總體需求來調整成員企業的數量，不斷有新的成員加入，也不斷有不合格的成員企業被淘汰出局，因此，虛擬企業是個動態開放的系統。

3. 互信性

企業之間相互誠信是虛擬企業得以成功運行的保證。傳統的信任機制是長期合作的結果，需要的時間較長；而虛擬企業的組建具有臨時性，這決定其信任機制的建立速度更快。虛擬企業與夥伴間的信任機制作為一種制度安排，其制度成本相對於市場和企業都較低。這種制度主要不是人為設計的結果，而是內生的。虛擬企業與夥伴間由於能力的依賴性、互補性導致了相互間反覆而密切的交易，構成了多次重複博弈，其結果是雙方基於互信合作時的納什均衡能夠實現利益最大化、損失最小化。

2.3.2 虛擬企業的一般特性

1. 網絡化

虛擬企業通過網絡化信息系統使得不在同一地區的合作夥伴協同地進行工作成為可能。當挖掘到市場機遇時，虛擬企業憑藉網絡化信息系統將任務快速分解成若干項目，並要求各成員企業做出相應反應，以保證任務的順利實施。在虛擬企業內部，內聯網（Intranet）使其內部的子系統相互聯結，形成內部網狀結構；在外部，外聯網使其上下游夥伴、供應商、顧客等利益相關者相互聯結，形成外部網狀結構，從而形成了基於網絡化信息系統的企業網絡集群。正是借助於網絡，虛擬企業實現了全天候、世界範圍內的溝通、聯繫。

2. 合作性

在數字化信息時代，合作比競爭更加重要。虛擬企業利用不同企業的具有互補關係的功能和資源合成完整的功能。在運作過程中，各企業

---

① 對於虛擬企業生命週期的劃分，學術界有不同的看法。馬托斯、特洛伊、林富仁、邁克爾等提出將虛擬企業劃分為識別—組建—運作—終止四個階段；凱特、格森等人提出將虛擬企業的生命週期分為識別—組建—設計—運作—終止五個階段。筆者認為這兩種不同的提法只是時間點的選擇不同而已。在此及下文中，筆者採用四階段的提法。

之間的合作是虛擬企業獲得正常運行的基礎。通過與夥伴、供應商、客戶的深度合作，虛擬企業可以及時抓住市場機遇。基於網絡的合作使虛擬企業的合作範圍極大地拓展、合作強度極大地提高，而合作成本則極大地降低。

3. 運作平行性

虛擬企業的基本要素如組織、人員、設備、產品（或服務）、產品過程等都是模塊化的，形成了模塊化的企業結構，這種結構使得虛擬企業有很好的可重構性、可重用性、可擴充性。虛擬企業利用先進的信息通信技術，把工程項目分解成若干獨立的模塊，再根據合作夥伴的技術優勢來承擔相應模塊的研製、開發或銷售活動。模塊運作在任務–時間–空間位置上是三維並行的，從而縮短產品的上市時間。

總而言之，從虛擬企業概念、運作與管理模式來看，虛擬企業與傳統企業截然不同，它具有以敏捷性為運作前提、以生命週期為運作流程、以網絡為平臺、以相互合作為基礎、以信任為靈魂的特點。

2.4 虛擬企業的組織模式

虛擬企業的最大特點在於突破了傳統企業的有形界限，強調通過對外部資源的系統整合來實現企業的目標。一般而言，虛擬企業可分為組織結構虛擬的企業和功能虛擬的企業兩種類型。其中，組織結構虛擬型的虛擬企業沒有有形的機構，僅是通過信息網絡和契約關係把相關的、分佈於不同地方的資源聯結起來。許多人從技術角度理解的較為寬泛意義上的虛擬企業就是這種類型，包括網上銷售公司、旅遊公司等。在功能虛擬型的企業中，其機構所在地是存在的。這類企業雖然在運作時有完整的功能，如生產、行銷、研發等，但在企業內部僅保留核心或關鍵功能，而將其他功能精簡。在實際運作時，此類企業的合作方式主要分為3種。①業務外包。核心企業確定自身核心競爭優勢，把企業內部的智能和資源集中在那些具有核心競爭優勢的活動上，將其他企業活動外包給最好的專業公司。這種方式可以降低成本、提高靈敏性、轉嫁風險等。②企業共生。當幾家企業有共同需要，對於技術保密或不願外包的部分，共同出資建立專業化的工廠來生產，並共同分享利益、分攤成本。

如美國《華盛頓星報》《波士頓環球報》等 5 家報社，組成一個百萬市場報業有限公司，由它負責這 5 家的報紙，從而實現共享資源，達到「共生」的效果。③策略聯盟。如果幾家企業擁有不同的關鍵技術和經濟資源而彼此的市場又互不矛盾時，這幾家企業可以通過相互交換資源以創造更強的競爭優勢。例如，微軟公司和英特爾公司分別在計算機軟件、硬件領域獨占鰲頭，兩者組成了 Wintel 聯盟後，創造了計算機行業的產品技術標準，獲得了強大的壟斷地位。可見，虛擬企業具有多種表現形式，可以根據具體情況進行選擇。無論選擇何種表現形式，虛擬企業均有其特有的組織模式。

2.4.1 虛擬企業的組織特徵

虛擬企業作為一種新的組織模式，其組織形態具有傳統企業無法比擬的優勢。其組織特徵主要表現在以下方面：

1. 可重構、可重用、可擴充（Reconfigurable, Reusable, Scalable, 即 RRS）的敏捷化組織

傳統企業組織是「自為」的，即單純、最有效地利用企業自身的資源。為了快速滿足動態變化的市場需求，「敏捷應變」就成為虛擬企業存在的前提和發展演化的目標。所以，虛擬企業的核心內涵就是通過企業內外部能力要素的快速配置、重組，從而駕馭不確定性市場，捕獲並實現市場機會。這就要求虛擬企業組織必須具有 RRS 特性，要求企業組織是一種標準模塊化的、可動態組合的企業結構。

2. 組織形態的網絡化、扁平化

虛擬企業組織是一種高度集成的網絡化組織，是由若干獨立的、彼此有一定聯繫的職能單位、業務單位等集合構成的，這使整個組織呈現為網絡狀、扁平狀。其構成的核心思想是各組織之間在一定規則前提下的高度自主化，減少整個組織的中間環節，加快組織內部信息傳遞的速度，提高組織運行效能。

3. 組織功能的集中化、虛擬化

虛擬企業組織具有功能的不完整性、協作性和虛擬性等特徵，這與傳統縱向一體化組織的功能完整性、封閉性、獨立性形成明顯的對比。第一，不完整性。與傳統企業相比，虛擬企業組織只有部分功能，主要是核心功能和一些必要功能，所以不完整。第二，協作性。功能的不完

整性決定了組織的協作性，要求虛擬企業內部通過網絡相互溝通，否則，就不能實現市場機遇。第三，虛擬性。虛擬企業只專注於核心功能，將部分組織功能虛擬化。虛擬化的功能雖然「不為自己所有」，但可以「為自己所用」，實現有效競爭。

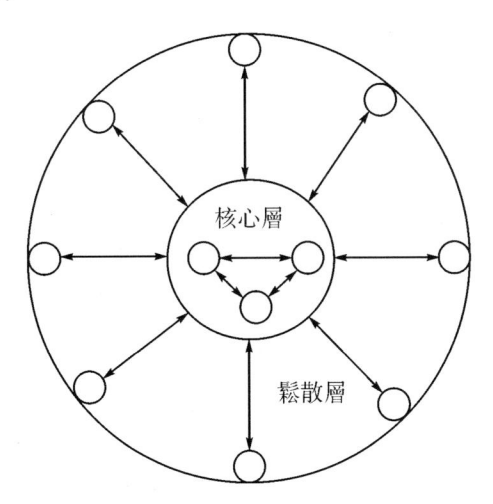

2.4.2 虛擬企業的組織模式

傳統企業的組織結構是生產分工與協作體系，因此，刻畫傳統企業的組織結構非常容易。而虛擬企業的動態變化，導致其組織界限很模糊，描述虛擬企業的組織結構顯得十分困難。本書僅對虛擬企業的組織結構進行一個概略性的描述。

一般而言，參與虛擬企業的夥伴比較多，而且運作期間還可能發生夥伴的變動。為此，學者們從不同角度對虛擬企業的組織結構進行研究，基本認為虛擬企業採取的是一種兩層次結構，即整個虛擬企業由核心層和鬆散層構成，如圖2-4所示。其中，核心層的各成員企業主要負責市場機會的識別、合夥企業的選擇、利益分配方案的制訂等，在虛擬企業中具有重要地位，並且在整個虛擬企業的運行過程中不宜變更。鬆散層的各夥伴也稱為外圍夥伴，他們在虛擬企業的不同階段可以發生變化；但由於他們一般不負責關鍵項目且替代夥伴較多，所以，不會影響整個虛擬企業的運行。

圖2-4　虛擬企業的組織結構

資料來源：陳劍，馮蔚東. 虛擬企業構建與管理 [M]. 北京：清華大學出版社，2002：68.

這種組織結構不僅實現了虛擬企業的「動態性」「靈活性」，對市場的變化能做出迅速的反應，容易把握市場機遇；也可以解決「流動性」問題。因為核心層的成員企業由於利益共享、風險分擔，其聯繫較為緊密，相對穩定，流動性較小；而外圍夥伴所負責的工作不是核心任務，相對流動性較大。同時，這種簡單的兩層次結構減少了虛擬企業的複雜性，如虛擬企業的領導機構主要負責對核心夥伴的協調和管理，而外圍夥伴一般直接跟某一個核心夥伴發生業務關係，其協調工作可由該核心夥伴負責①。

　　在上述兩層次結構的總體框架下，按照核心層成員的數量，虛擬企業的組織模式可以分為：聯邦模式（Federation Mode）、星型模式（Star-like Mode）、平行模式（Parallel Mode）三種。

　　星型模式，又稱為有盟主的虛擬企業組織模式，它一般由一個占主導地位的企業（即盟主）和一些相對固定的夥伴組成。盟主主要負責制定虛擬企業的運行規則，並負責協調各成員企業之間的關係及協調各種衝突。星型模式比較適合垂直供應鏈的企業，其中由掌握核心技術、資源的企業作為盟主，如耐克公司。這種模式有利於虛擬企業統一籌劃所有資源、能力，保證協調生產。

　　平行模式，又稱為民主聯盟組織模式，即虛擬企業中不存在盟主，沒有核心層和鬆散層的區別，所有成員企業在平等的基礎上相互合作。這種模式比較適用於產品的聯合開發，是一種理論化和理想化的組織模式，在實際中很難找到。

　　聯邦模式，即建立一個協調指揮委員會（Alliance Steering Committee，ASC）或類似機構負責整個虛擬企業的構建、內部協調、資源整合、戰略決策等。這種模式組織靈活，利於企業的統一計劃、管理，適用於某種產品的快速聯合開發，是一種比較通用的虛擬企業組織模式（見圖2-5）。

---

　　① 陳劍，馮蔚東. 虛擬企業構建與管理 [M]. 北京：清華大學出版社，2002：69.

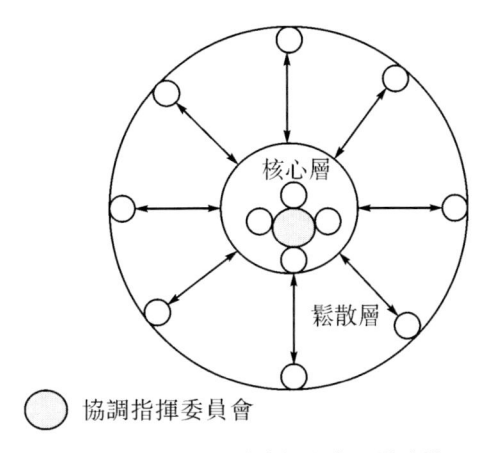

圖 2-5　聯邦模式的虛擬企業組織結構

可以看出，虛擬企業核心層和外圍層的關係及構成變化產生了以上三種組織模式，這三種組織模式和虛擬企業的兩層次結構有著緊密聯繫。聯邦模式是最具一般意義的虛擬企業組織形態；星型模式是在聯邦模式基礎上，將核心層縮小為一個的極端狀態；平行模式是在聯邦模式基礎上不斷擴大，將核心層與外圍層融合為一的極端狀態。這三種基本組織模式都有自己的適用情形，在實際中，具體採用何種模式需要視具體情況而定，也可能在不同層次上採用不同的模式，從而形成一種混合的組織模式。

3 虛擬企業財務制度安排：理論擴展與內容框架

3.1 虛擬企業財務制度安排的概念厘定

財務制度安排的概念是其理論框架的靈魂和支柱。從制度的本源及其發展過程中準確把握和理解制度安排的內涵與精神實質，是構築財務制度安排理論體系的基本前提。

3.1.1 制度的界定

制度是重要的。然而，什麼是制度？制度是否等同於法律條文、非正式規範、組織、契約或者是人們的觀念意識？或者是上述因素的某種組合？這些問題一直困擾著經濟學家。現代社會學家的先驅杜克海姆（Durkheim）曾經將社會學定義為「關於制度的科學」，將經濟學定義為「關於市場的科學」。由於經濟學家一直關注於有關市場的分析研究，杜克海姆的劃分並沒有讓經濟學家感到不安。然而，經濟學家對人們理解制度的性質、起源和影響可以做出自己獨特的貢獻。

凡勃倫認為「制度實際上就是個人或社會對有關的某些關係或某些作用的一般思想習慣，而由生活方式所構成的是某一時期或社會發展的某一階段通行的制度的總和」[①]。

康芒斯認為「如果我們要找出一種普遍的原則，適用於一切所謂屬

---

① 凡勃倫. 有閒階級論 [M]. 北京：商務印書館，1964：139.

於制度的行為,我們可以把制度解釋為集體行動控制個體行動」①。

格魯奇認為,「各種類型的制度都具有規則性、系統性或規律性的共同點」②。

霍奇森認為,制度是通過傳統、習慣或法律約束的作用力來創造出持久的、規範化的行為類型的社會組織。

舒爾茨把制度定義為一種行為規則,這些規則涉及社會、政治及經濟行為。他對制度做了經典性的分類:「用於降低交易費用的制度;用於影響生產要素的所有者之間配置風險的制度;用於提供職能組織與個人收入流之間的聯繫的制度;用於確立公共品和服務的生產與分配的框架的制度。」③

柯武剛、史漫飛指出,「制度是人類相互交往的規則。它抑制著可能出現的機會主義和怪癖的個人行為,使人們的行為更可預見並由此促進著勞動分工和財富創造」④。

可以看出,經濟學者已經開始從事制度研究的工作,並從不同角度提出了制度的含義。青木昌彥為了區分這些制度內涵,給「制度」一詞賦予了三種不同卻相互聯繫的含義,並將經濟過程比喻成博弈過程。通過這種類比,不同的經濟學家分別視制度為博弈參與人、博弈規則和博弈過程中參與人的均衡策略。

第一種觀點:制度等價於博弈參與人。人們在日常交談中所涉及的制度,通常是指重要的組織機構。一些經濟學家遵循著這種慣例,將制度明確等同於博弈的特定參與人,譬如政治團體(政府、參議院、法庭)、經濟團體(企業、工會、合作社)、社會團體(教堂、行業協會)、教育團體(大學、職業培訓中心)。

第二種觀點:制度等價於博弈規則。以諾斯為代表的經濟學家,認為「制度是一個社會的游戲規則,更規範地說,它們是為決定人們的相互關係而人為設定的一些制約」⑤。這些制約條件可以是非正式的博弈規

---

① 康芒斯. 制度經濟學 [M]. 北京:商務印書館,1962:87.
② 轉引自:盧現祥. 西方新制度經濟學 [M]. 北京:中國發展出版社,2006:34.
③ 舒爾茨. 制度與人的經濟價值的不斷提高 [M] // 財產權利與制度變遷:產權學派與新制度學派譯文集. 上海:上海三聯書店,1991:253.
④ 柯武剛,史漫飛. 制度經濟學 [M]. 北京:商務印書館,2000:35.
⑤ 諾斯. 制度、制度變遷與經濟績效 [M]. 上海:上海三聯書店,1994:3.

則；也可以是有意識設計或規定的正式博弈規則，包括政治規則、經濟規則和合同。其中，經濟規則是用來界定產權的，它不可能由博弈的參與人自己設定（改變），而是在博弈過程之前就預先被確定下來的。那麼，究其本源，該由誰來制定經濟規則呢？諾斯在對博弈規則和博弈參與人做了嚴格的區分的情況下，給予了一個較為明確的回答：認為博弈參與人是規則的制定者和推動制度變遷的主體。

第三種觀點：制度等價於博弈均衡策略。肖特（Schotter，1981）作為這種觀點最早的倡導者，把社會制度定義為「一種被社會所有成員認同的社會行為的規律性，它規定了在一些特定和經常出現的情況下的行為，它要麼是自我監督，要麼由某種外部權威監督」[①]。肖特的定義引入了博弈規則的實施問題。這種觀點與第二種觀點一樣，認為制度是行為規則。但這些行為規則是內生於經濟過程，作為博弈的結果而形成的，而不是由外生因素決定的。

在新制度經濟學分析框架裡，制度雖然是研究的對象，但是對於「制度」的內涵卻有三種理解。筆者基本上認同博弈均衡的制度觀。這種觀點是在借鑑另兩種制度觀含義基礎上的一個新突破，能夠給予我們更多的啟示。其一，博弈均衡論認為博弈規則是由參與人的策略互動形成的，是可以自我實施的。無論政治領域的制度、社會領域的制度還是經濟領域的制度，都可將制度看作博弈過程的內在穩定的結果[②]。其二，博弈均衡下得到的制度代表了重複博弈的參與人自我維繫的基本預期，是「由有限理性和具有反思能力的個體構成的社會的長期經驗的產物」（Kreps，1990）。所有的博弈參與人基於他們對別人行動規則的濃縮認知逐漸形成自己的決策規則。只有在關於他人行動規則的濃縮認知穩定下來的情況下，參與人自己的行動規則才能趨於穩定，並成為參與博弈的

---

① 轉引自：青木昌彥. 比較制度分析 [M]. 上海：上海遠東出版社，2006：8.

② 博弈均衡制度觀雖然試圖將「制度」理解為「內生的博弈規則」，但並不認為每一項制度都是內生的。青木昌彥認為，構成「外生博弈規則」的因素，即參與人集合、行動決策集合和參與人決策組合與後果的對應規則不可能完全由技術、資源稟賦和參與人的偏好來描述。同時，外生博弈規則在解釋「實施問題」時面臨無限循環推理的困境。規範和慣例可以自我實施，但是博弈規則可能必須由附加的第三方實施，這就需要考慮誰來監督實施者的問題。赫爾維茨對這個問題的解決方案是，考慮一個包括實施者在內的博弈，將他視為一個博弈參與人，然後在給定其他參與人的均衡策略下，給實施者規定的行為規則能夠成為他自身的均衡策略，從而得以自我實施。

指南。當參與人的理念和其行動規則一致時，這種狀態即為納什均衡。如果偏離了這種均衡，對參與人而言就是不合算的。為此，制度實際上就是博弈參與人為了達到信念的行為預期。其三，作為共有信念的自我維繫系統，制度依據博弈的性質、對應的均衡概念，以均衡達成的方式，可以採取不同的形式。它可以作為明文規定存在，也可以作為習俗、慣例、理念存在。其四，從均衡的概要表徵來概括制度有助於闡明制度既制約又協助的雙重性質（Dualistic Constraining/ Enabling Nature）。無論制度是管制性的、規範性的還是認知性的，它的作用都是通過協調人們的信念制約著參與人的行動規則，這就體現出制約是制度化的內生的特徵。另外，在一個信息不完備和不對稱的環境中，制度作為均衡狀態的概要特徵來協調參與人的信念，可以幫助理性有限的參與人節約決策所需的信息加工成本①。簡言之，參與人不僅受制於制度，而且也受益於制度。

3.1.2 制度安排的內涵及結構

1. 制度安排的內涵

在新制度經濟學中，經常會使用「制度安排」這一概念。戴維斯和諾斯認為：制度安排是支配經濟單位之間可能的合作與競爭的方式的一種安排。制度安排至少有兩大目標：第一，經濟目標，即提供一種結構使其成員的合作獲得一些在結構外不可能獲得的追加收入；第二，安全目標，即提供一種能影響法律或產權變遷的機制，以改變個人（或團體）可以合法競爭的方式。制度安排可能最接近於「制度」一詞的最通常使用的含義。我們可以這樣簡單地來認識制度與制度安排：制度安排是制度的具體化。制度安排可能是正規的，也可能是非正規的；可能是暫時性的，也可能是長久的②。

制度安排是管束特定行為模型和關係的一套行為規則（林毅夫，1989）。如果把制度安排視為動詞，它既不等同於組織，也不等同於制度。但如果把制度安排視為名詞，則它是指被固化的結構，是一個複雜的要素組織框架。很明顯，制度安排與組織有著本質的區別。組織是游

---

① 青木昌彥. 比較制度分析 [M]. 上海：上海遠東出版社，2006：15.
② 戴維斯，諾斯. 制度變遷的理論：概念與原因 [M] // 財產權利與制度變遷. 上海：上海三聯書店，1996：266-294.

戲人，是一個行為主體，它可以看作是制度安排的一個結果，體現了制度安排的內容。同樣，游戲規則也是制度安排的一個內容，但是它僅是制度安排的一個內容，而不是制度安排本身，因為制度安排不僅是制度游戲規則，而且還有組織設定和結構安排[1]。所以，各要素的行為標準可以說是制度，但各要素之間的構成方式就不能說是制度，而是一種制度安排。制度安排主要體現在以下兩個方面：一是組織外部、各組織之間規章制度的確立，二是組織內部結構和組織要素關係的確立。

2. 制度安排的結構

對制度安排結構的剖析是制度安排的基本理論前提。制度種類繁多，總體來說可以分為硬制度（正式制度）和軟制度（非正式制度）兩大類。硬制度包括政治制度、經濟制度、合同制度；軟制度主要是指社會習俗、習慣行為、道德規範、思想信仰和意識形態等。對軟制度進一步細分，它又可劃分為兩類：一是作為外力的社會群體對個人施加的約束，二是個人自我實施的約束。此外，文森特·奧斯特羅姆（Vincent Ostrom）將制度分為憲法層次、集體行動層次、操作層次和選擇層次；奧克森則具體說明了三類規則——用以控制集團內部進行集體選擇的條件的規則、用以調節公用財產使用的操作規則以及對外安排；柯武剛、史漫飛將制度分為了從經驗中演化出來的內在制度和由上而下地強制執行的外在制度；諾斯認為制度包括「正式約束」和「非正式約束」以及這些約束的「實施特徵」，即制度主要由正式制度、非正式制度和它們的實施方式構成；等等。經濟學家們所提及的「制度」已經超越了「游戲規則」的內涵，實質上就是「制度安排」的範疇[2]。通過制度安排內涵的分析，我們可以看出制度安排是制度規範及其構成方式的集合，而構成方式保證各種制度規章的順利實施，這正符合諾斯的思想。為此，筆者借鑑諾斯的觀點，認為制度安排由正式制度、非正式制度和實施機制三部分構成。

正式制度，即顯性契約，是人們有意識建立的並以正式方式加以確定的各種制度安排，包括政治規則、經濟規則和合同等，以及由這一系列規則構成的一種等級結構，即無論是政府頒布的憲法，還是個人的契

---

[1] 盧現祥. 西方新制度經濟學 [M]. 武漢：武漢大學出版社，2004：113.

[2] 林毅夫在《關於制度變遷的經濟學理論：誘致性變遷與強制性變遷》中指出，「經濟學家用『制度』這個術語時，一般情況下指的是制度安排」，所以，目前大多數的研究並沒有嚴格地區分制度和制度安排的定義。

約，它們都共同約束著人們的行為。顯然這類制度是參與人自己制定或集體選擇的結果，具有明顯的強制性。它包括：以條文形式明確規定行為主體在分工中的責任的規則，界定個體行動的「有所為、有所不為」；關於懲罰的規則，即約定違反上述規則要付出什麼代價；關於「度量衡」的規則，即約定交易各方如何度量投入與產出及其交換的價值量。

非正式制度，即隱性契約，是人們在長期交往中無意識形成的規範，具有持久的生命力。它主要包括價值信念、倫理規範、道德觀念、風俗習性、意識形態等因素。非正式制度的形成早於正式制度，後者是對前者的逐步替代。非正式制度也是集體選擇的結果。由於非正式制度的內在傳統根性和歷史積澱，所以它很難受到正式制度變化的影響，具有相對穩定性。

正式制度和非正式制度規定了人們的行為規範，但這僅給定了一個行為標準。如果不執行這些標準，從現實的效果看就等於沒有制度。所以，制度安排是否有效，除了正式制度和非正式制度是否完善以外，還要包括制度的實施機制是否健全。實施機制產生的根源在於人的有限理性、機會主義行為動機，以及合作者雙方信息不對稱，這些都容易導致對制度規範的偏離。所以，具有強制約束力的實施機制是任何契約能夠執行的基本前提。

3.1.3 虛擬企業財務制度安排的含義

財務屬於商品經濟的範疇，它是隨著商品生產和交換逐漸產生和發展起來的。要理解財務首先要弄清楚什麼是本金？本金是為生產經營活動而墊支的貨幣資金。從生產經營全過程看，本金處於這一過程的起點、中點和終點，各種財務活動收支與財務形式的變化，都是由本金的運動所引起的。所以說，本金是財務的基本構成元素。

本金的籌集、運用、耗費、收入、分配等環節，形成了財務活動。在企業的財務活動中，各個環節均體現著本金投入和收益的統一性和鬥爭性，這種矛盾性構成了財務活動的經濟屬性。同時，財務經濟活動是在商品經濟條件下人與人之間的相互聯結中存在的，因此，財務能夠體現生產關係的性質和特徵，這說明財務活動又具有社會屬性。結合財務活動的雙重屬性，我們認為財務是社會再生產過程中本金的投入與收益

活動，並形成特定的經濟關係[①]。

基於上述對制度安排的理解，財務制度安排一方面要涵蓋規範企業財務活動、處理企業內部財務關係的具體規則，另一方面要包含企業組織內部財務治理結構的設計。所以，筆者認為虛擬企業財務制度安排是規範虛擬企業財務活動、協調其各種財務關係的一組具體規則的集合，它可以提高虛擬企業財務資源的配置效率，保證財務工作順利運行。它包括虛擬企業制定的各類財務法規、規範、意志觀念和內部財務治理結構與機制等。

3.2 虛擬企業財務制度安排的理論基礎

理論基礎是某種理論得以構建和支撐的基石，以其強勁的支撐力滲透於該理論之中[②]。它的本質是為建立該理論提供科學的理論和方法指導。探尋財務制度安排的理論基礎，是研究財務制度安排問題的前提，為其發展奠定了「營養」之源。

3.2.1 制度經濟學

新制度經濟學用制度作為解釋變量來解釋和預見經濟行為和經濟現象，這為人們分析經濟社會問題提供了一個嶄新視野。新制度經濟學主要在交易成本理論、代理理論、產權理論和制度變遷理論四個方面擴展了主流經濟學。虛擬企業財務制度安排理論正是在新制度經濟學的「土壤」之上不斷發展的，為現代財務理論研究增添了活力。

1. 交易成本理論

康芒斯在《制度經濟學》中對「交易」進行了深入的刻畫，但是這種理論所指出的交易轉瞬即逝，是不需成本的。科斯（1937）首先開創了交易成本理論，提出了「交易成本」的概念，並在《企業的性質》一文中對其進行了典範性的運用。由此，「交易成本」的概念使交易變成了有成本的交易。隨後，威廉姆森（1975）、克萊因（1978）、張五常

---

① 郭復初. 財務通論 [M]. 上海：立信會計出版社，1997：62.
② 馮建. 財務理論結構研究 [M]. 上海：立信會計出版社，1999：32.

(1883)等人對交易成本理論進行了深入研究和發展。

交易成本理論認為：交易是經濟活動的最小單位；交易成本被作為該理論的基本範疇，任何經濟活動都以節省交易成本為中心；交易成本分析的邏輯起點是契約人；不同交易與不同組織之間的配比關係被作為其研究的內容；等等。在這種理論中所提及的「契約人」假設是與新古典經濟理論的「經濟人」假設相對應的。「契約人」假設認為實際生活中的人都是契約人，他們總處於一種交易關係中，而且這種交易背後總有某種契約支持。因此，契約人的基本行為特徵是「有限理性」和「機會主義」。有限理性就意味著人們不能完全預見所有關於未來可能發生的事件，而且也不知道每種事件可能發生的概率，因此契約是不完全的。同時，機會主義的存在增加了契約風險。這樣契約人不僅會在締約過程中提供不完全的信息，而且會在履行過程中違背約定，而使事件按照自己的利益方向發展。

這種「契約人」的假設為虛擬企業財務制度安排提供了理論導向。從一定程度上來看，虛擬企業財務制度可以視為各合作夥伴之間的一種「契約」。由於事前不可能預計企業發生的所有財務活動及財務關係，也不可能在契約條文中詳細地規定各種財務活動發生的概率，所以財務制度是不完全契約。同時，實施具體財務活動的合作夥伴又具有機會主義傾向，可能出現違背制度規定的行動。所以，虛擬企業必須通過制定財務制度規範財務行為，避免發生違規行為。正由於財務制度的不完全性，虛擬企業更需發揮隱性財務制度的作用，打造財務文化，保證能夠順利、及時解決出現的財務難題。交易費用理論為虛擬企業財務制度研究提供的經濟學鋪墊是至關重要的。

2. 委託-代理理論

在現實經濟中，信息是不對稱分佈的。其中，掌有信息優勢的一方為代理人（Agent），另一方則稱為委託人（Principal），這兩者之間就形成了委託-代理關係。由於委託人和代理人具有不同的利益目標，就會產生代理問題，即代理人常常會採取偏離委託人利益的「逆向選擇」，利用信息優勢侵害委託人的利益。而委託人為了避免遭受損失，就需要付出代價，這也就是所謂的「代理成本」。詹森和麥克林（1976）認為「代理成本」是企業所有權結構的決定因素。代理成本包括：委託人的監督

支出、代理人的保證支出和剩餘損失[1]。其中，委託人的監督支出是委託人用以激勵和約束代理人的費用；代理人的保證支出是代理人保證不採取損害委託人行為的成本，以及如果採取了行動，將給予賠償的成本；剩餘損失是指委託人因代理人代行決策而產生的一種價值損失，等於代理人決策與使委託人效用最大化的決策之間的差異。代理理論主要是針對代理問題尋求降低代理成本的途徑。

在虛擬企業中，不同的組織模式會形成盟主與夥伴企業、夥伴企業之間、ASC與各成員企業等各種委託-代理關係。為了減少代理衝突、降低代理成本，虛擬企業中的委託人必須通過公司治理對代理人進行適當的激勵，以及通過承擔用以約束代理人行為的監督費用，來降低其利益偏差。從某種意義上說，財務治理是公司治理最為主要的組成部分，是「公司治理的財務方面」[2]。為此，就需要通過財務治理來約束經營者的財務行為，減少代理成本。委託-代理理論的發展為認識和理解虛擬企業財務制度安排的實施提供了良好的分析框架，為進一步構建全面的財務制度安排體系提供依據。

3. 產權理論

1960年，科斯在《社會成本問題》一文中，創造性地提出了「在完全競爭的條件下，私人成本等於社會成本」的著名命題，也就是後人所稱的「科斯定理」。科斯認為，在不存在交易費用的前提下，效率與產權無關。這是因為在存在交易成本的情況下，產權的不同安排對經濟效率產生實質性的影響，即不同的產權制度會帶來不同效率的資源配置。因此，為了優化資源配置，就要首先確定好產權制度。

產權是人與人（或組織）之間的一組行為性關係，即產權規定了人們的行為規範，人們在發生關係時必須遵守這些規範，不遵守者要擔負由此產生的成本[3]。同時，產權體現了一組關於人的利益和行為的經濟權利，它是人與人之間在經濟活動中的相互關係的反應，而締結和規範這種關係的紐帶是契約。產權界定的作用就在於為人們追求效用最大化提供制度和規範，從而保證有效競爭和實現資源的優化配置。

---

[1] 陳鬱. 所有權、控制權與激勵 [M]. 上海：上海三聯書店，2003：6.
[2] 衣龍新. 公司財務治理論 [M]. 北京：清華大學出版社，2005：28.
[3] 段文斌. 制度經濟學：制度主義與經濟分析 [M]. 天津：南開大學出版社，2003：21.

因此，對「產權」的分析和理解，為我們認識財務制度安排提供了一把鑰匙。虛擬企業財務制度安排的意義就是為虛擬企業實現價值最大化而在財務活動中提供一系列的制度安排，保證財務資源的優化配置。同時，在虛擬企業財務活動中締結的各種複雜的財務關係，也需要財務制度安排來規範。此外，對產權問題研究的深化，必將推動對「財權」的理解和認識，進而為財務制度安排的本質帶來全新的表述。

4. 制度變遷理論

制度變遷理論也被稱為新經濟史學，它恢復了理論與歷史相結合的經濟學傳統，是新制度經濟學的重要組成部分[①]。制度變遷是制度創立、變更及隨著時間變化而被打破的過程。任何制度都有產生、發展和消亡的過程。在歷史長河中，制度是不穩定的。當一項制度出現非均衡狀態時，就會出現制度創新的契機，從而促使制度由非均衡走向均衡。制度變遷一般有兩種理論模型：誘致性制度變遷和強制性制度變遷。誘致性制度變遷是現行制度安排的變更或替代，或者是新制度安排的創造，它由個人或一群人在回應獲利機會時自發倡導、組織和實行（林毅夫，1989）。發生誘致性變遷必須有來自制度不均衡的獲利機會，使得制度形成「均衡—不均衡—再次均衡」的變遷過程。與此相反，強制性制度變遷是由政府命令或法律引入和實行的。與誘致性制度變遷不同的是，強制性制度變遷可以純粹因在不同選民集團之間對現有收入進行再分配而發生[②]。

制度變遷理論為虛擬企業財務制度安排的變遷提供了強有力的理論依據。虛擬企業可以根據環境變化而適時地進行靈捷變化、動態組合，其財務活動和財務關係也會發生變化。與此相應，虛擬企業財務制度安排的內容也會得到調整。此外，虛擬企業自身具有明顯的動態性，在制定財務制度時就要考慮虛擬企業所處的生命週期，根據不同階段的財務活動特點，有針對性地設計財務制度。財務制度作為內部規範，是虛擬企業自身約束財務活動、處理財務關係的內在要求，它的動態變化符合虛擬企業的經營管理，應屬於誘致性制度變遷的範疇。

---

① 段文斌. 制度經濟學：制度主義與經濟分析 [M]. 天津：南開大學出版社，2003：323.
② 盧現祥. 西方新制度經濟學 [M]. 北京：中國發展出版社，2003：110.

3.2.2 現代財務理論

1. 本金理論

本金理論是財務理論體系中的基礎性理論，它深刻剖析了財務本質，闡明了財務運動規律。本金理論決定了其對虛擬企業財務制度安排理論的指導、規範作用。主要表現在兩個方面。其一，虛擬企業作為一種內部包含各種錯綜關係的組織模式，其本金（資本）① 的範疇應進一步擴展，它包含了所有能給虛擬企業帶來價值的貨幣資本、關係資本等。虛擬企業財務制度安排應以本金作為研究起點，分析本金流向、流量及形成的本金控制權、剩餘索取權等。其二，由本金運動規律出發，可以初步認識財務制度安排的職能、範圍。財務制度安排就是對本金運動形成的各種財務活動、財務關係進行約束，保證財務工作的順利進行。

2. 財務分層理論

財務分層理論是企業財務在內部分層次管理的理論，目前，主要有所有者財務和經營者財務的「兩層次」說（干勝道，1995），所有者財務、經營者財務和財務經理財務的「三層次」說（湯谷良，1997），外部利益相關者財務、經營者財務、財務經理財務、分部財務和員工財務的「五層次」說（李心合，2003），等等。財務分層理論的提出擴大了企業財務的外延，深化了對企業內部財務管理的認識。

財務分層理論對虛擬企業財務制度安排理論影響重大。虛擬企業中各成員企業具有不同的所有者、經營者、財務經理等，他們分別進行獨立的財務活動，等同於一般傳統企業的財務運作。但他們都涵蓋於虛擬企業之下，為了一個共同的目標相互協作。這就需要構建一個在成員企業之上的財務層次，可以是虛擬企業的盟主企業，也可以是虛擬企業的協調委員會，進行有效的財務協調，解決好虛擬企業財務制度安排中的風險管理、成本控制、利益分配等一系列問題。

3. 利益相關者財務理論

利益相關者財務理論是從企業財務到所有者財務再到利益相關者財

---

① 本金的範圍大於資本，但在「社會主義條件下，本金和資本是相同的，可以相互代替」。（郭復初．財務通論［M］．上海：立信會計出版社，1997：43.）本書後續部分不再區分本金和資本。

務，對財務領域進行擴展。該理論認為企業本質上是利益相關者締結的契約，各個利益相關者在「共同治理」下對企業的「剩餘」做出了貢獻，都應當享有剩餘所有權。進而，該理論提出了財務管理目標多元化、「財務資本與智力資本」並重的財務理念，拓展了財務理論研究的視野。

利益相關者財務理論對虛擬企業財務制度安排理論具有一定的影響。例如，虛擬企業中包含了諸多具有相互鈎稽關係的成員企業，他們都是虛擬企業的利益相關者。虛擬企業財務制度安排的制定就是通過規範財務活動、理順財務關係，來保障各利益相關者的財務利益。

4. 財務核心能力理論

財務核心能力理論是企業核心能力理論的發展。核心能力理論認為，企業在本質上是一個能力集合體，累積、保持和運用能力開拓產品市場是企業長期競爭優勢的決定因素。企業能力作為企業擁有的主要資源或資產，能夠給企業帶來收益，它是企業成長的動力機制（朱開悉，2001）。而企業財務是一個獨立而綜合的完整系統，它通過價值形式貫穿於企業經營和管理之中，是整個企業管理的「中心」。由於資本的稀缺性和其對企業資源配置效率的有效性，財務問題越來越顯示出其在企業核心能力中的重要地位。這樣便形成了財務核心能力[1]。企業財務核心能力理論認為，企業應最大限度地培養、發展並優化配置企業的財務資源，為企業獲得可持續性的競爭優勢提供財務上的支持。

財務核心能力理論對虛擬企業財務制度安排理論的發展起著重要的指導作用。虛擬企業財務制度安排的出發點就在於規範成員企業構成的企業「集合」的財務問題，打造虛擬企業的財務核心競爭能力，可使虛擬企業財務活動有序、財務關係和諧，並為虛擬企業的運作提供財務支持。

---

[1] 張旭蕾，馮建. 企業財務核心能力的形成與發展：基於財務可持續發展的視角 [J]. 工業技術經濟，2008（2）.

3.3 虛擬企業財務制度安排的基本理論結構

3.3.1 企業財務制度安排理論框架的一般性描述

從系統論的觀點看，結構是指系統內部各組成要素之間的相互關係、相互作用的方式或秩序，也就是各要素排列、組合的具體形式。財務制度安排的理論結構就是一組相互聯繫、但又相互獨立的概念群，按照內在的邏輯關係排列組成的方式。它是財務制度安排理論的基石，為財務制度的制定、執行提供完備的邏輯體系。

目標是想要達到的境地或標準，是系統的出發點又是系統的迴歸點，它決定系統運行軌跡的選擇和系統的整體效益。任何管理都是有目標的行為，財務制度安排也不例外。只有確定合理的目標，才能實現高效的管理。沒有確立目標的研究，是盲目的和無意義的研究。財務制度安排的直接目標是規範企業財務行為、協調財務關係，以提高財務運行效率，進而實現企業綜合經濟利益的最大化。以此作為財務制度安排研究的邏輯起點構建的概念結構，不僅有利於為企業選擇恰當的財務行為提供理論指導，而且也有利於保持財務理論與財務實踐的內在統一。因為財務是運行於一定財務狀態下的開放系統，財務狀態是對企業內外部環境的概括，財務系統的運行體現了企業的財務選擇，所以，企業的財務制度安排要求企業選擇適應性的財務行為。同時，財務理論是主觀思維見之於財務實踐活動的結果，財務實踐的變化會反饋給主觀思維，並得到適度的修正。所以，以財務制度安排的目標作為財務制度理論研究的邏輯起點，有利於保持財務理論與實踐的內在統一性。

筆者認為，應根據財務制度安排的目標要求來設計理論結構，財務制度安排理論主要由財務制度安排的本質、財務制度安排的主體、財務制度安排的對象、財務制度安排的假設等抽象理論構成。第一，要界定財務制度安排的本質和職能。本質隱藏於現象之後並表現在現象之中，它是事物本身所固有的、相對穩定的並決定事物性質的根本屬性；而職能是事物本身具有的功能或應起的作用，是本質的具體化。第二，根據財務制度安排的本質與職能確定研究主體和對象。明確了虛擬企業財務

制度安排的主體、對象，也就間接刻畫出了財務制度安排的邊界，它規定了主體行為的界限，體現了對象所涵蓋的領域。財務系統運行的環境存有不確定性的因素，必須根據財務環境、目標要求和財務系統運行的規律提煉出財務制度安排的基本前提，即財務制度安排的假設。由此，可以推演財務制度安排的理論結構（見圖3-1）。

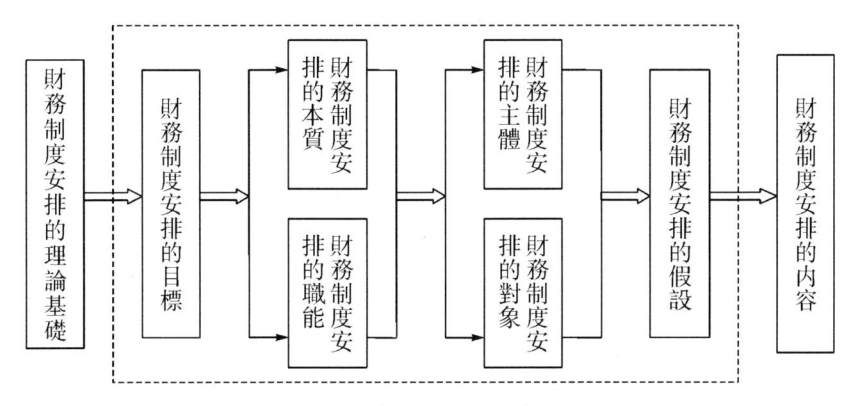

圖3-1 財務制度安排理論結構圖

1. 財務制度安排的目標

企業財務制度安排的目標是企業財務活動中主觀願望與客觀規律、內部條件與外部環境、管理者與投資人和債權人、內部各部門之間、內部員工之間等一系列矛盾相互作用的綜合體現①。財務制度安排的目標在財務管理中起到雙重作用：一是導向作用，它是企業財務管理工作的起點目標，為財務管理指明了工作方向；二是評價作用，它為財務管理工作提供了最終的標準，為衡量財務管理工作優劣提供了可靠的依據。

財務制度安排的目標不等同於企業目標，也不等同於財務管理的目標。企業目標是追求「利潤最大化」，財務管理的目標是「財務成果最大，財務狀況最優」，而財務制度安排的目標則是「綜合經濟利益最大化」②。可見，財務制度安排的目標同企業目標和財務管理的目標有一定的聯繫，在整體方向上保持一致，這樣才能通過財務制度的安排促進財務管理目標以及企業目標的實現。但三者也有所不同，財務制度安排的目標是為企業目標和財務管理目標服務的，是從制度的角度來保證企業

---

① 馮建. 企業財務制度論 [M]. 北京：清華大學出版社，2005：35.
② 馮建. 企業財務制度論 [M]. 北京：清華大學出版社，2005：35.

目標和財務管理目標的實現。

2. 財務制度安排的本質

財務制度安排的本質就是關於財務現象根本性質的抽象歸納，是對財務制度安排對象的高度概括。從財務實踐來看，財務主要表現在由於本金投入收益活動而形成的財務活動和財務關係兩個方面。這兩個財務表徵反應了財務的經濟屬性（本金運動）和社會屬性（財務關係）的結合，是「財權流」思想的體現。

隨著產權理論的發展，一種與現代產權思想相適應的財務觀念日益成熟。財權就是在這樣的背景下提出的。伍中信教授認為財權表現為某一主體對財力所擁有的支配權，包括投資權、籌資權、收益權等權能。它是一種「財力」以及與此相伴隨的「權力」的結合，即「財權」=「財力」+「權力」。其中，「財力」就是企業投入的本金，是財務的價值表現；「權力」是支配本金所具有的權能。價值是從財務活動的現象中抽象出來的內涵，而「權力」是隱藏在價值背後更為抽象的概括，實際上就是各方利益相關者財務關係的反應。企業的財務活動是周而復始的，本金是循環流動的，與財力相伴隨的「權力」的流動過程就是處理權力雙方「財務關係」的過程。由此可見，「財權流」是高度歸納動態財務活動和財務關係最完美的表述。

財務制度安排就是對企業財務活動和財務關係進行有效的規範和協調。引入「財權流」來談財務後，能夠更好地體現財務制度安排的本質特色。筆者認為，財務制度安排的本質是保證財權流順利運行，實現企業價值活動與權利關係相融合。

3. 財務制度安排的職能

財務制度安排的職能是財務制度安排在經濟活動過程中的本質功能，即財務制度安排是做什麼的。所以，我們對財務制度安排職能的界定，就應該從保證財權流運行這個財務制度安排的本質來進行分析。

由於財權流包括「財流」和「權流」，這兩個方面融合了財務活動和財務關係，是企業財務完整內涵的體現。那麼，財務制度安排的職能也應該從「財流」和「權流」出發，我們將其基本職能定義為財務資源配置職能和財權配置職能。財務資源配置是從價值方面考慮的，而財權

配置則著重於價值運動中權力的配置①。這兩個基本職能都立足於財權流，使財務制度安排的設計能夠合理配置財務資源、正確處理財權關係，從而保證財務活動運行順暢、財務關係規範協調。需要說明的是，這兩個基本職能是相輔相成的。正如財力流和權力流是一體的，基於財力流的財務資源配置和基於權力流的財權配置也是同一客觀過程的兩個方面，是不可分割的，即在財務資源配置的同時進行著財權配置，在財權配置的同時實現財務資源配置的優化。

財務制度安排的基本職能決定著財務制度安排的具體職能，主要有協調職能、激勵約束職能、財務監督職能。企業是多方利益相關者的契約集合，投資人、債權人、經營者等的目標各不相同。為了保證企業的正常運作就必須使各種要素通力合作，制度就是各要素合作的橋樑，而財務制度的有效安排正是企業財務資源合作的紐帶。所以，財務制度安排的協調職能就是規範投資人、債權人、經營者之間的財務關係，並在財務的治理結構中設計一套有效的信息溝通制度，以減少信息的成本與不確定性，把阻礙合作得以進行的因素減少到最低限度②。此外，激勵約束職能是財務制度安排通過設計一系列的財務手段，激勵財務活動實現，從而達到財務目標；同時，還需要約束機制與此相對應，使財務活動和財務關係受制於財務制度安排。財務監督職能是保證財務活動組織有效性和財務關係處理合理性的重要手段。實施財務制度安排的監督職能，可以形成企業管理與財務相互制約、相互促進的內部管理機制。

4. 財務制度安排的主體

財務制度安排的主體，就是進行財務管理活動、協調財務關係的主體。財務制度安排的主體首先要具備獨立性、目的性。所謂獨立性，是在不受外界干擾的情況下，主體能夠控制財務資源，自主地從事投資、籌資、分配等一系列財務活動並妥善處理各種財務關係。是否具有獨立性是某個要素能否成為財務制度安排主體的根本條件。所謂目的性，就是財務制度安排的主體在制度設計中要抱有自己的目標，並根據這一目標來規劃自己的行為。若缺乏目的性，財務制度安排主體在面臨繁雜的財務環境時，就不能做出準確的設計，最終可能使財務活動失敗。依上

---

① 伍中信. 產權會計與財權流研究 [M]. 成都：西南財經大學出版社，2006：132.
② 宋獻中. 合約理論與財務行為分析 [D]. 成都：西南財經大學，1999：113.

所述，財務制度安排主體的概念可以表述為：財務制度安排的主體是有能力、有資格並獨立地按照一定目標進行財務活動、處理財務關係的特定的內部權力機構、個體或法人。企業涉及多方利益相關者，如政府等外部利益相關者，它們對公司的財務制度安排沒有直接的影響，其主體資格難以體現；公司職工乃至財務人員雖然對財務活動有一定的影響，但不參與制度的制定，大多通過董事會、監事會等機構中的代理人行使權力。因此，筆者認為財務制度安排的主體主要包括股東會、董事會、監事會、經理層。它們四者各司其職，相互制衡，共同對財務制度做出有效的安排。

5. 財務制度安排的對象

對象是行為或思考時作為目標的事物。財務制度安排的對象就是財務制度安排主體指向的客體，它是財務制度安排所考察的內容。只有明確了對象，才能明確財務制度安排的研究範圍和目標。從企業整體財務運行來看，財務活動的對象可以總結為「本金」，它始終貫穿於財務活動之中，是財務主體共同作用的目標。財務制度安排立足於財務活動，其對象自然也就是「本金」運動形成的各種財務活動。此外，財務制度安排還包括協調財務關係。從這個角度來看，財務制度安排的對象又具體表現為本金運動所形成的特定的「財務權力」關係。因此，財務制度安排將本金運動引起的財務活動及其所形成的財務關係作為研究對象。

6. 財務制度安排的假設

假設也稱之為前提或假定，是人們根據不確定的環境和已有知識提出的假定或設想。根據假設的概念，結合財務制度安排的內涵，我們認為財務制度安排的假設是人們利用自己的知識，根據財務制度安排存在的客觀環境的一些不確定因素，所做出的合乎情理的判斷。

第一，嵌入性假設。經濟史學家卡爾·波拉尼（Karl Polanyi，1957）最早提出嵌入性的概念。「嵌入」是指經濟行為受到其所處的社會結構的限定，這種社會結構決定著經濟行為的形式和結果[①]。嵌入性假設就是將財務制度安排視為「嵌入」於企業結構之中，並受到企業結構的限定。首先，財務制度安排是對財務活動和財務關係的規範，而財務活動和財務關係就是嵌入於社會網絡結構中的企業組織，其規範必然被限定於特

---

① 李心合. 論制度財務學構建 [J]. 會計研究，2005 (7)：45.

定的社會情境之中。其次，財務制度安排是基於社會某種道德判斷之上的，這種道德判斷會影響財務制度安排的界定和使用。最後，財務制度安排是企業財務管理的一個方面，它的成敗與否會影響其他管理活動。故而，財務制度安排外部性效應的存在，需要企業給予一定的限制。不受任何限制的財務制度安排在任何一個企業中都是不存在的。將財務制度安排嵌入社會結構之中，這要求我們將社會結構以及人、文化等社會要素納入財務制度安排的分析框架，由此來開闢財務制度安排的研究內容。

第二，內生性假設。該假設是把財務制度安排視為企業財務的內生因素而非外生因素來看待。考察企業財務管理的發展歷程，可以發現財務制度安排是伴隨著企業財務活動的產生而產生、發展而發展的。這表明財務制度安排是內生於企業財務活動過程之中的，是企業財務活動得以順利運作的內生性變量。一方面，財務制度是企業財務存在的前提。企業是一系列的契約集合體，這個集合體之所以能夠形成，就是因為它們具有共同的經濟利益，希望得到良好的財務期望值。為了實現這一共同的願望，就需要在財務上以共同的制度安排為前提。另一方面，企業存有多個契約主體，它們之間由於權、責、利問題會存有種種「衝突」。解決問題的根本就是要明確各利益相關者的權利、責任，處理各利益相關者之間的財務關係，這也需要財務的制度安排。由此可見，財務制度安排是內生於企業財務活動、財務關係之中的，隨著財務活動、財務關係內涵的擴展，財務制度安排也會發生相應的變化。

3.3.2 虛擬企業對財務制度安排基礎理論的拓展

虛擬企業不同於傳統企業，具有自己獨特的性質。為此，虛擬企業財務制度安排理論應在遵循一般性理論描述的基礎上，突顯自身的理論特色。

1. 基於「契約關係人」的目標開拓

虛擬企業實質上是不同的企業為了某個共同的市場機遇貢獻出自己的核心能力而組建的臨時聯盟。因此，虛擬企業和傳統企業大相徑庭，從研究角度來看，虛擬企業財務制度安排的目標也和前面闡述的一般企業財務制度安排的目標不同。

（1）基本目標。

財務制度安排的目標是財務系統期望達到的境界，是財務系統運行的出發點和歸宿，並決定著整個財務系統發展的方向。對虛擬企業這個聯盟而言，由於相互關聯的都是獨立的企業組織，虛擬企業財務制度安排的目標實際上是這個聯盟中各成員企業財務制度目標的有效集合，即在各自約束條件下，各成員企業在虛擬企業財務制度安排的目標上達成共識。換言之，目標是主觀期望實現的目標，其主體是各個獨立體，是在組成虛擬企業這個過程中相互博弈的結果。只有虛擬企業的整體利益最大，才能使各契約關係人的利益最大限度得到滿足。因此，虛擬企業財務制度安排的目標應該是「契約關係人」利益最大化。

（2）具體目標。

「契約關係人」利益最大化從總體上把握著虛擬企業財務制度安排的方向，在生產經營過程中還應確定虛擬企業財務制度安排的具體目標。

第一，實現財務敏捷性。敏捷性是虛擬企業的基本特徵，也是區別傳統企業的關鍵。基於財務視角，虛擬企業協調財務活動和財務關係也需要敏捷性。所謂財務敏捷性，就是在變幻莫測的經濟環境中，虛擬企業為了生存、發展，能夠駕馭變化，不斷進行調整，從而在財務活動及財務關係中快速、靈敏地做出反應。譬如，從籌資活動來看，虛擬企業一般不具有法人資格，不能自行籌措資金，常常依託於各成員企業進行資金的籌集。那麼，虛擬企業的籌資目標就是針對資金需求制定相應的行動方針、策略，快速反饋給各成員企業，使他們能夠根據各自特點來滿足投資需要、實現低成本籌資。籌資過程要求組織策劃的高效率，以鞏固虛擬企業的控制權、提高整體的綜合效益和競爭能力。從投資活動來看，投資制度是企業謀求長期發展的基本要求。虛擬企業因市場機遇而生，其投資制度就要求迅速捕捉投資機會，實現投資方向、投資期限、投資工具、投資方式等的最佳組合。因此，投資制度安排的根本目的是快捷地實現虛擬企業投資結構的最佳配置。

第二，達到資源優化配置。財務屬於價值管理的領域，主要是對經濟資源進行配置。財務制度安排的目的就在於促進經濟資源配置效率的最大化和經濟資源的保值、增值[1]。虛擬企業作為各成員企業的聯合體，

---

[1] 馮建．企業財務制度論［M］．北京：清華大學出版社，2005：44.

其財務制度安排的目的側重於對內部資源配置效率的最大化，實現資源配置和諧。虛擬企業中各成員企業投入的核心能力不同、貢獻程度不同，這就需要將各種投入要素進行組合。組合效率的高低取決於各成員企業的配合程度以及財務制度安排主體的「經營判斷」。內部資源實現優化配置將直接影響到資產權力的運用效率，為虛擬企業的有效運作提供支持。

第三，發揮財務激勵。財務激勵是虛擬企業為了實現財務目標，通過設計適當的財務獎酬模式，並輔助一定的行為規範和懲罰性措施，以有效實現虛擬企業與各成員企業的互動過程。財務激勵的使動者是虛擬企業財務制度安排的主體，如盟主企業、ASC 或財務委員會。虛擬企業本質上是一個集合體，那麼應對集合體中的哪些企業進行財務激勵呢？由前文可知，虛擬企業的組織模式是兩層結構，即包括核心層和外圍層。核心層是虛擬企業的關鍵，所以，應該以核心層企業作為激勵主體。一般而言，財務激勵可以分為物質激勵和精神激勵。物質激勵是「利用財務手段通過分配關係加以激勵，是物質動力成為經營和財務活動的現實積極性」[1]，如薪酬、福利等。精神激勵是通過一系列非物質方式來改變其意識形態，並激發出工作活力，如聲譽、地位的提升等。科學的財務激勵對虛擬企業有助長作用，它可以對各成員企業的某種符合整體期望的財務行為反覆強化，也可以對不符合整體期望的財務行為採取負強化和懲罰措施來加以約束，最終實現虛擬企業的共同目標。

2. 基於「資本泛化」的本質延伸

財務制度安排的本質體現著「財權流」思想。虛擬企業因其自身特性，其財務制度安排的本質則將「財權流」思想進一步擴展，對「財力」和「權力」的內涵又有新的拓展。

「財力」是企業財務的價值表現，即本金或資本。「資本」最早出現在經濟學領域，古典主義和新古典主義學家把「資本」定義為一種能夠生產產品的產品，指的僅是物質資本。馬克思在《資本論》中將「資本」定義為帶來剩餘價值的價值，並揭示出資本的本質在於價值增值。其後，舒爾茨（T. W. Schultz）、加里·貝克爾（Gary Becker）、福山（Francis Fukuyama）等將「資本」向更廣泛的意義進行了擴展，使資本成為可以帶來價值增值的所有資源的代名詞。此時，有用性成為資本的

---

[1] 馮建. 財務理論結構研究 [M]. 上海：立信會計出版社，1999：130.

基本屬性，並形成企業資本的泛化規定，即企業「泛資本」概念。所謂企業「泛資本」，即不以資源、產權及具體形式而論，凡對企業發展有用的一切資源都可稱之為資本。這種概念界定，對資本的解釋具有較強的發展性、包容性和解釋力。

　　一般認為，資本包括自然資本、物質資本、人力資本、關係資本等，可見出現了越來越多的無形資本。自然資本、物質資本、人力資本的價值表現已在傳統企業中得到共識，而虛擬企業中最顯著的是錯綜複雜的關係，關係資本就隱藏於這種關係中，故本書著重考察關係資本。關係資本的關鍵作用是可以從人際關係網絡中動用稀缺資源，並通過協調的行動來提高企業運行效率，可以在一定時期內為虛擬企業帶來一定的收益。因此，虛擬企業中關係資本表現得最為明顯，體現了資本概念的完全擴展，實現了真正意義上的「資本泛化」。

　　就「權力」而言，虛擬企業在經營過程中與各方面發生的經濟利益關係更為複雜。傳統企業在經營過程中與國家、金融機構、職工之間的財務關係是強制與無償的分配關係、資金融通與結算關係、按勞分配關係。而虛擬企業的財務關係的複雜性則突出表現在企業內部關係上，依靠核心企業，各成員企業通過外包契約聯結起來，建立起交錯的協作關係。這種關係既不同於市場中的交易關係，也不同於傳統企業內部各部門之間的科層關係，它具有動態性和靈活性。它隨著虛擬企業的組建而形成，隨著虛擬企業的結束而解散，因而各成員企業之間的協作關係具有波動性。高度發達的信息技術、便捷的網絡，使企業可以根據需要來執行某種任務、建立或解除某種商務關係，從而使虛擬企業的互利合作關係變得靈活、高效。

　　基於對資本和財務關係的重新理解，人們對虛擬企業財務制度安排的職能也提出了新的要求。虛擬企業是傳統企業的重新整合，它放大了財務管理的範圍和效力，使得虛擬企業財務制度安排的職能更加強調財務協調。財務協調加強了虛擬企業整體的財務協作，通過優勢互補降低了虛擬企業的經營風險；同時，個體之間可以通過自發性融資消化相當部分的資金需求，進一步挖掘融資潛力。

　　3. 基於「虛擬化」的主體引申

　　虛擬企業突破了傳統企業有形的組織界限，為達到共同的戰略目標，通過各種協議、契約把分散在不同地區的企業主體進行整合，形成利益

風險共享、超越空間約束的鬆散型經濟聯合體。虛擬企業組成結構彈性化、競爭策略聯盟化、生產形態虛擬化,企業主體呈現「虛擬化」特徵。

根據虛擬企業的不同組織模式,虛擬企業財務制度安排的主體可以有不同的處理方式。就星型模式而言,虛擬企業應以盟主企業作為財務管理的核心,也就是盟主企業的股東會、董事會、監事會、經理層是虛擬企業財務制度安排的主體,來監督和協調各成員企業的財務活動以及各種財務關係。在平行模式中,各成員企業之間沒有行政隸屬關係,僅是暫時的平行契約集合體。而虛擬企業的財務活動,作為個體財務活動的整合,必須有執行者,因此,也必然要求一定的組織形式來確保財務活動的執行和監督。筆者認為,應成立財務委員會,其成員可由各方委派,也可以外聘財務專家參與管理。財務委員會可以說是虛擬企業的一個縮影,各位委員都代表著各個契約相關者的利益,都為各自價值最大化而尋求合作。從理性的角度來看,設置財務委員會有助於虛擬企業財務目標的總體實現。所以,財務委員會可以作為平行模式虛擬企業財務制度安排的主體,來專門進行財務協調和財務監督,並貫穿於虛擬企業運作的始終。聯邦模式中的協調指揮委員會(ASC)可以作為虛擬企業財務制度安排的主體,它負責虛擬企業內部財務資源的整合,並對各種財務活動及財務關係進行協調。由此,三種模式的不同設定形成了「虛中帶實」的虛擬企業。

4. 基於「明顯生命週期」的對象擴展

前文已分析,財務制度安排的對象是由本金引起的財務活動與財務關係。虛擬企業內部具有錯雜的協作關係,這就需要虛擬企業財務制度安排的主體能夠協調、理順其中的各種財務關係,才能實現有效的虛擬企業財務運作。然而,虛擬企業動態性的特徵使得虛擬企業的財務活動表現為具有階段性。

虛擬企業往往以市場機遇為組建動因,其生命比較短暫,一旦不再有市場機遇,虛擬企業就自然解體。所以,相比傳統企業,其生命週期現象表現得十分明顯。依據生命週期理論,虛擬企業的形成、發展過程可以明顯地劃分為醞釀期、組建期、運作期和解體期。在不同階段中,財務制度安排對本金運作的側重點不同,階段性表現得尤為顯著。在醞釀期,虛擬企業的財務活動主要是尋找、評估市場機會,並對自身資源和能力進行分析,從而預計期望收益、選定合作模式。該階段中,並沒

有本金的實際運動，但依據市場機會可對本金的需求量做出大體的衡量。在組建期，虛擬企業選擇合作夥伴，進行組織設計、簽訂合作協議等。這一階段中，各成員企業應依據協議進行自主籌措、投資本金，並對虛擬企業所需的信息基礎設施建設進行投資。在運作期，虛擬企業開始了正常的生產經營活動，主要財務活動有風險管理、利益分配、成本管理、績效評價等。如果本階段的財務活動不順暢則會直接影響到虛擬企業的整體運行。在解體期，虛擬企業完成了使命，基本實現了市場機會。此時，本金會退出虛擬企業，財務活動一般表現為資金的清算。

3.4 構建「立體式」虛擬企業財務制度安排的內容框架

在分析財務制度安排理論結構的基礎上對其內容進行剖析，可以為財務制度安排的具體運用提供完整的選擇集合，便於企業財務實踐的開展。結合新制度經濟學對制度安排的理解，我們對虛擬企業財務制度安排的內容，從正式約束、非正式約束和實施機制三個方面來考慮。

財務制度安排就是從財務這一微觀範疇進行規範、約束，其中有些可以通過文字進行顯性規定；有些則內生於企業財務行為之中，企業不同，內容也不相同，不能進行統一劃分。為此，按照表現形式的不同，財務制度安排可以分為顯性財務制度和隱性財務制度。同時，這兩種財務制度是否能夠有效實施，需要財務治理加以保證。所以，虛擬企業財務制度安排的內容可分為顯性財務制度、隱性財務制度以及財務治理三部分。

3.4.1 虛擬企業顯性財務制度

1. 顯性財務制度的劃分

顯性財務制度是明文規定、有統一標準、具有約束力的各種制度安排，具體包括宏觀財務制度和微觀財務制度。宏觀財務制度是由國家或政府機構制定的適用於企業並要求企業必須遵守的制度規範，它不但可以提高制度的約束力，還可以節約各企業的制度建設成本。宏觀財務制度目前主要有《中華人民共和國公司法》《中華人民共和國證券法》、稅法等法律中的有關規定，財政部頒布的《企業財務通則》和分行業財務

制度等。《中華人民共和國公司法》《中華人民共和國證券法》等經濟法規中的財務約束，實際上構成了企業進行財務活動所處的制度環境，例如：公司法中規定了企業股東會、董事會、監事會、經理等的權利和責任；稅法中規定了政府這個利益相關者對於企業收益的分享權，並對企業收入、成本費用做了具體的規定等。這些制度規範是企業利益相關者在財務關係中權責利所不可缺少的具有共性的制度規範，涉及的不僅是契約各方的利益，也是政府干預企業財務的表現。

《企業財務通則》是中國境內各類企業財務活動必須遵循的基本原則和規範，是財務規範體系中的基本法規。它反應了國家對各類企業進行財務活動的一般要求，在財務法規制度體系中起著主導作用。2006年頒布的新《企業財務通則》已取代了沿用14年之久的原《企業財務通則》，並已在實務界全面展開實施，成為企業合理組織財務活動、正確處理財務關係的行為指南。這標志著規範企業財務行為、防範財務風險、配套財政監管的新型企業財務制度體系的逐步完善，在財務制度理論中具有里程碑式的作用。行業財務制度是在遵循財務通則的要求下，結合行業特點而制定的財務制度，它是各行業企業進行財務工作的準則。它反應了各行業對財務活動的管理要求，在財務法規制度體系中起基礎作用。

不同企業的組織機構和經營活動有所差異，法律法規、財務通則等宏觀財務制度不可能規範企業運行中出現的所有財務問題，因此，針對企業微觀主體的財務制度必不可少。微觀財務制度，即企業財務制度，是企業內部管理當局制定的用來規範企業內部財務行為、處理企業內部財務關係的具體規則，它在財務法規制度體系中起著補充作用[1]。企業財務制度與其他財務制度不同，具有較強的操作性，便於執行。

目前，中國修訂了《中華人民共和國公司法》《中華人民共和國證券法》《企業財務通則》等，可以說宏觀財務制度已基本健全，並對企業財務起到了很好的約束作用。但微觀財務制度在企業運行中存有明顯的不足，這為我們進一步研究企業財務制度提供了契機。

2. 構建虛擬企業顯性財務制度的構想

生命週期理論對於深入瞭解技術、企業、產業甚至國家的變革具有

---

[1] 馮建. 企業財務制度論 [M]. 北京：清華大學出版社，2005：11.

重要意義。作為一種重要的研究方法和思路，生命週期理論及其方法已在企業管理研究中得到了廣泛的應用。生命週期理論為研究虛擬企業顯性財務制度開闢了新的視角。虛擬企業往往是以市場機遇為驅動目標的，從發現市場機會開始組建、運行，到實現預定的目標時虛擬企業解散，有著更為明顯的生命週期特徵。因此，運用生命週期理論對虛擬企業在不同生命週期不同階段進行研究有著非常重要的意義[1]。鑒於此，研究虛擬企業財務制度安排也從生命週期入手，分別探討醞釀期、組建期、運作期、解體期的財務制度，構建一個動態的「縱」向制度體系。這種財務制度的設計，可以把握不同階段財務活動的特點，使虛擬企業財務制度安排更為系統；也可以突出虛擬企業財務工作的重點，便於財務制度的操作實施。

3.4.2 虛擬企業隱性財務制度

隱性財務制度，諸如財務倫理、價值觀念等，是內生於企業經濟活動之中，不能用文字規定的，並對公司財務活動、財務關係進行約束的規範。它比顯性財務制度的約束力要弱，以無形的「軟約束」力量構成企業財務有效運行的內在驅動力，需要自覺執行。

財務倫理是企業以財務活動為本質內容在處理財務關係中所形成的一種自律性行為準則和價值觀念[2]。虛擬企業是由若干個獨立企業形成的集合，各成員企業存在著各自的行為標準和價值觀念。但他們為了共同的目標組合在一起，必然要求相互之間財務協調。這就要求虛擬企業比傳統企業更加強調財務倫理，為處理財務活動、財務關係提供無形的約束。虛擬企業實行的是跨文化管理，文化潛移默化形成「習慣」，並作為一種「非正式約束」來協調企業的財務管理。此外，前文分析過，虛擬企業更凸顯關係資本的作用。基於以上考慮，對虛擬企業隱性財務制度的研究主要從財務倫理、跨文化管理、關係資本的角度進行分析。

---

[1] 一般來說，虛擬企業的生命比較短暫，一旦實現市場機會，虛擬企業就自行解體，所以生命週期表現得較為明顯。而以規避風險、降低成本等為目的組建的虛擬企業，其生命往往比較長遠，與實體企業沒有根本區別。如耐克公司，從20世紀70年代初創建至今仍然生機勃勃。這些虛擬企業仍然存在著生命週期，只不過這個週期比較長，或者其通過組織變革，使得企業實現了持續發展，因此能夠長期維持在某個階段。但生命週期理論對虛擬企業的運行仍具有重要意義。

[2] 王素蓮，柯大鋼. 關於財務倫理範式的探討 [J]. 財政研究, 2006 (5): 12.

3.4.3 虛擬企業的財務治理

顯性、隱性財務制度的順利實施，需要合理的財務治理做保證。財務治理是企業在其內部各權利組織財權關係的基礎上，形成的企業財務相互影響、相互約束的制衡體系，保證規範財務活動、財務關係的有效實施。通過財權配置形成的財務治理沒有明顯的文字表述，僅體現於企業的組織形式和管理組織的架構中。它從本質上確定了財務制度安排主體在企業這一複合體中的身分、角色及在各種財務活動中享有的權利和受到的約束。這幾方通過財務授權、分權、制衡、監控等方式結合在一起，對企業財權進行具體配置，從而起到約束財務活動、協調財務關係的作用。

虛擬企業內部的信息集成、過程集成是通過網絡化來實現的。在網絡環境下，虛擬企業的財務系統和其他業務系統保持「無縫銜接」，業務信息和財務信息保持一致性、同步性。從財務治理的角度看，虛擬企業改變了傳統的組織結構，這就必然影響到企業財權配置的合理性，導致財務治理發生變化。

3.4.4 顯性財務制度、隱性財務制度、財務治理三者之間的關係

顯性財務制度和隱性財務制度都是對財務活動、財務關係的制度規範，而二者的表現形式卻截然不同。從財務制度的成文性來看，顯性財務制度表現為具體的文字，可以表現為法律條文、財務規範、內部財務制度等形式，具有較強的約束力；隱性財務制度是無形的規範，執行與否完全取決於財務關係人的觀念、意識。從實踐中來看，顯性財務制度是整個制度安排的核心，對指導財務活動、財務關係起到直接作用；而隱性財務制度是顯性財務制度的補充，對在財務活動中增進共識、減少財務關係形成的摩擦具有輔助作用。此外，財務制度安排還需要財務治理來保證制度規範的順利實施。財務治理通過合理配置財權，明確各財務制度主體的權限、職能，保證財務制度的有效運行。只有完善顯性財務制度、隱性財務制度、財務治理三個方面，才能構建出完善的財務制度安排。顯性財務制度、隱性財務制度、財務治理三者之間的關係見圖3-2。

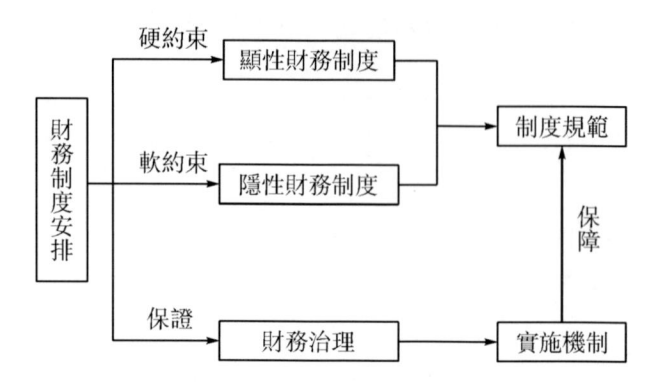

圖 3-2　顯性財務制度、隱性財務制度、財務治理三者之間的關係

　　綜上，虛擬企業財務制度安排是一個複雜的體系，在財務實踐中佔有舉足輕重的作用。其中，顯性財務制度和隱性財務制度是整個制度安排體系的主要內容，財務治理是前兩者的實施保證，這種設計呈現出「橫」向的制度安排。同時，虛擬企業依據生命週期理論，構建了面向全生命週期的「縱」向顯性財務制度，從而勾勒出虛擬企業「立體式」的財務制度安排框架。

4 虛擬企業顯性財務制度安排

虛擬企業顯性財務制度在虛擬企業整個制度框架中居於核心地位，它的制定是財務管理的一項基本工作。顯性財務制度涵蓋了虛擬企業涉及的各種財務行為，是結合虛擬企業自身特點制定的財務標準，對其具有較強的財務約束力。其制定質量直接影響到財務功能的發揮，其執行效果也直接影響到虛擬企業運行的成敗。虛擬企業的生命特徵更為明顯，對虛擬企業顯性財務制度從醞釀到解體的整個過程進行分析，可以掌握每個階段的管理重點，實行有的放矢。這是虛擬企業顯性財務制度安排區別於傳統企業顯性財務制度安排最顯著的特徵，也是虛擬企業財務制度安排的重點。為此，本章對虛擬企業不同生命週期的顯性財務制度的具體內容進行探討。

4.1 虛擬企業顯性財務制度安排遵循的原則

顯性財務制度是一個系統，安排這一制度則是一項複雜、細緻的系統工程，必須要有明確的原則作為指導。虛擬企業顯性財務制度安排必須遵循以下原則。

4.1.1 針對性原則

針對性原則要求顯性財務制度必須符合虛擬企業管理工作的需要。首先，虛擬企業的特點和管理要求是顯性財務制度安排的前提和基礎。顯性財務制度安排要充分考慮虛擬企業的實際情況，使自身具有較強的可操作性。在制定顯性財務制度時，切忌盲目照搬。由於虛擬企業在產

業類型、組織模式、規模和管理要求等方面均存在差異，各虛擬企業的顯性財務制度不能通用，否則財務制度就會變得適應性弱、指導性差。其次，財務是一項複雜的管理工作。一方面，財務活動貫穿於虛擬企業運作的全過程，財務管理的各項內容和職能是有機聯繫、共同制約和共同影響的，系統性很強；另一方面，財務活動又受到生命週期的客觀制約，在每個階段財務管理的重點不同。因此，顯性財務制度應注重財務管理的系統性和規律性。最後，宏觀財務法規政策是虛擬企業必須遵守的規範，也是制定顯性財務制度的制約因素。因此，虛擬企業顯性財務制度安排要置身於市場經濟的大環境之中，考慮虛擬企業的財務活動、財務關係，它是宏觀管理調控下的微觀管理。

4.1.2 成本收益原則

顯性財務制度安排是為了規範財務活動、協調財務關係，保證財務目標的實現。在顯性財務制度安排時，要在目前經濟發展水準和經濟政策下，綜合考慮其制定和運行的成本與效益，選擇效益最大的方案。虛擬企業內部可以通過網絡進行連接，所以，為了提高運行效率，可以運用現代科學技術、方法，降低運行成本，取得更大的收益。

4.1.3 目標一致性原則

顯性財務制度是虛擬企業制定財務目標、控制財務行為的一種管理工具。虛擬企業各成員企業擁有共同的目標才組合在一起，構成企業集合體。成員企業之間通過簽訂協議等方式，相互合作，但也都有各自的目標。所以，目標一致性，就是在虛擬企業顯性財務制度安排中實現各成員企業目標的協調，這樣才能實現虛擬企業的穩定運行。

4.1.4 權責利相結合原則

權責利相結合原則就是虛擬企業在組織財務活動、處理財務關係時貫徹以責任為中心、以權利為保證、以利益為手段的原則，建立虛擬企業內部的財務管理責任制。這一原則是處理虛擬企業內部各成員企業之間權、責、利關係的準則，是財務有效運行的保證。顯性財務制度就是按照資本運動的過程，將有關財務指標分解到各成員企業，明確規定各自的權責利。需注意的是，應考慮虛擬企業的不同組織模式，分情況進

行處理，明確各部門、各成員企業的職責，並賦予相應的財權。

4.1.5 靈活性原則

制度要具有規範性、穩定性。但在強制性規範的框架下保留適當的靈活性是十分必要的。一般來講，制度的規定應當是明確的、剛性的，執行的結果應當是唯一的。但是，人是有限理性的，不能預見所有的管理活動。對虛擬企業而言，運行過程中出現的不可控因素更多，所以，不可能事先制定出完善的顯性財務制度。在實踐中，通常強調原則性與靈活性相統一，就是為了克服制度僵化的弊病。因此，進行財務制度安排時，應當適當預留制度規範的空間，以增強制度的靈活性。

4.2 虛擬企業醞釀期的財務制度安排

醞釀期是虛擬企業構建的初始階段。這一階段的管理工作是未來虛擬企業運行的基礎，決定著虛擬企業運行的目標、模式和基本框架。核心企業是最先識別出市場機遇的企業，它是組建虛擬企業的發起者。所以，在虛擬企業醞釀期，顯性財務制度的制定者應是核心企業，涉及的主要財務活動主要有識別和評估市場機遇、預計未來的期望收益等。

4.2.1 市場機遇價值評估制度

市場機遇是顧客對新產品及服務的需求或原有產品的更新換代，機遇具有時效性、不確定性、收益性和風險性等特徵。虛擬企業是一種為捕捉市場機遇而組建的臨時性組織，因此，核心企業在組建虛擬企業之前的首要任務就是識別市場機遇。換句話說，虛擬企業的組建就是核心企業識別並回應市場機遇的結果。核心企業發現市場潛在的投資機會，但不是所有的機遇都能夠成為組建虛擬企業的動因。核心企業需要對挖掘到的市場機遇進行分析判斷，明確機遇實現的原因、目的、方式，以及實現的可能性、風險性。只有將市場機遇的基本內容描述清楚，進行科學的評估，才能進一步識別出作為虛擬企業構建動因的市場機遇。與此相應，虛擬企業需要市場機遇價值評估制度作為核心企業組建虛擬企業的前期財務行為規範。

市場機遇價值評估制度的主要內容是選擇恰當的評估方法。傳統的價值評估方法主要是現金流折現法（Discount Cash Flow，DCF）。DCF法估價的思路是估計企業未來的預期現金流，然後用企業融資的資本成本（WACC）折現得到企業的內在價值。但目前的研究成果表明，DCF法未能考慮不確定性因素的影響，往往會低估項目的投資價值。近年來，實物期權理論的發展和完善摒棄了DCF法的不足，為評估、發現企業價值提供了一種更為合理的方法。實物期權是相對金融期權而言，其標的不是股票、債券、期貨等金融資產，它是處理具有不確定性投資結果的非金融資產的一種投資決策工具。在做出戰略投資決策時，實物期權估值方法是一種很好的方法。它不僅考慮到管理的靈活性，還可以用於研究複雜的、具有不確定性的管理系統，並將系統簡化。在市場機遇價值評估中應用實物期權時，一般要考慮以下因素：

1. 確定市場機遇所包含的實物期權

從目前的研究成果來看，許多研究領域都運用了實物期權的概念，其基本類型主要有5種（見表4-1）。

表4-1　　　　　　　　　實物期權基本類型匯總表

類別	特徵描述	相關研究
遞延期權 （Wait to Invest Options）	在市場投資不明確的情況下，可以暫緩投資，在延遲過程中，獲得市場的價格等信息，以改進項目各期現金流的評價結果，並做出是否投資的決定	Tourinbo（1979） Tinman（1985） McDonald and Siegel（1986） Ingersoll and Ross（1992）
成長期權 （Growth Options）	許多項目的價值不是由直接獲得現金流決定的，而是由未來的獲利的可能性決定的。期權價值是由事後的靈活性實現的，即贏利潛力隨著後續的投資得以實現	Myers（1977） Kester（1984，1993） Trigeorgis（1988） Pindyek（1998） Smit（1996）
放棄期權 （Abandonment Options）	如果市場情況嚴重惡化，可以提前結束項目，以獲得項目的清算價值	Myers（1990） Kemna（1998）

表4-1(續)

類別	特徵描述	相關研究
柔性期權 (Flexibility Options)	柔性期權包含項目所需投入要素的轉換或項目產出的轉化。在企業營運過程中，它能根據市場上生產原料的變化和市場需求的變化，改變生產所需要的生產資料，或者改變生產的產品，以獲得對市場反應的靈活性	McDonald and Siegel（1985） Trigeorgis and Mason（1987） Pindyck（1998） Kemna（1988）
學習期權 (Learning Options)	學習期權使得企業的財務資源能隨著市場環境的變化而有效利用。期權的價值來源於對新的市場信息做出的靈活措施，如等待、繼續投資、放棄項目等	Black and Scholes（1973） Mason and Merton（1985） Trigeorgis（1988） Sahlam（1988） Willner（1995）

資料來源：SMIT H T J, TRIGEORGIS L. 戰略投資學：實物期權和博弈論［M］. 北京：高等教育出版社，2006：12. 略有刪改。

實物期權估價方法開闢了市場機遇的價值評估的新思路。從市場機遇的本質來看，市場機遇一般經歷研發階段和市場化階段。在研發階段，發掘市場機遇的技術有很大的不確定性，這種不確定性隨著研究的逐步深入而不斷減少。因此，市場機遇在研發階段具有一個學習期權。市場機遇從研發階段到產品推廣階段，存有很多風險因素，如技術風險、市場風險、財務風險、組織風險等。正因為市場機遇面臨的風險較多，在市場容量和技術水準不清晰的情況下，核心企業沒有必要馬上啟動該項目，可以等待時機成熟後再進行投資，此時，市場機遇就包含一個遞延期權。如果市場環境極不樂觀，核心企業就有必要放棄此市場機遇，這就類似放棄期權。此外，如果核心企業獲得經濟可行的市場機遇，這不僅可以為企業帶來暫時的經濟效益，而且還為企業今後進行投資創新創造了機會，這個投資機遇就包括一個成長期權。因此，要根據行業特性、市場發展狀況、技術水準等因素確定市場機遇所包含的實物期權。

2. 選擇估值方法

估值方法的選擇是市場機遇價值評估的關鍵。從研究文獻來看，實物期權的計算主要採用PDE方法（Partial Differential Equation，即求解偏微分方程）、動態規劃方法（Dynamic Programming Approach）、模擬方法三種方法。在每種解決方法中，都有許多可供選擇的計算技術來求解，

其中最為常用的是 Black-Scholes 方程和二項樹（Binomial Tree Model）期權定價模型。

（1）Black-Scholes 方程。

一個基於成長期權的市場價值是由兩部分組成的：一是在不考慮實物期權存在的情況下市場機遇固有的價值，可由 DCF 法估價求得；二是由期權特性產生的相應的期權價值。所以，一個市場機遇的價值為：

$$VALUE = DCF + C \qquad (4-1)$$

其中，$VALUE$ 表示市場機遇的全部價值；DCF 表示市場機遇的內在價值；C 表示市場機遇的實物期權價值。

假設市場機遇需要初始投資 I_1，預計在市場機遇生命週期 T 時間內每年的淨現金流量為 $A(t)$。t_0 年後追加投資 I_2，追加投資在 t_0+1-T 期內每年的淨現金流量為 $B(t)$。假設市場波動率為 i，利率為 r，無風險利率為 f。可以看出，這個市場機遇是兩階段的投資。在第一階段初期，投資產生的項目價值為：

$$DCF = \sum_{t=1}^{T} A(t)(1+r)^{-t} - I_1 \qquad (4-2)$$

而第二階段的投資具有期權特徵，該投資隱含著期權價值 C。成長期權的真實值 C 由 Black-Scholes 期權定價模型計算得來。Black-Scholes 模型是布萊克和舒爾斯在假定存在無摩擦市場，股票價格變動為靜態隨機變動（價格在一個穩定的邊界內持續變動）以及利率和收益率方差為非隨機數[①]的情況下推導出來的。其模型公式為：

$$C = SN(d_1) - Ee^{-Rt_0}N(d_2) \qquad (4-3)$$

式中，$d_1 = \dfrac{\ln(S/E) + (f + i^2/2)t_0}{i\sqrt{t_0}}$；$d_2 = d_1 - i\sqrt{t_0}$；

$$S = \sum_{t=t_0+1}^{T} \dfrac{B(t)}{(1+r)^t};\quad E = [I_1 + I_2(1+r)^{-t_0}]$$

$N(d_1)$ 和 $N(d_2)$ 分別為 d_1 和 d_2 的累積正態分佈函數值；S 為追加投資後淨現金流量的折現值；E 為成長期權的執行價格，即投資的折現值。將式（4-2）、式（4-3）代入式（4-1）可以得到具有成長性的市場機遇的全部價值。

---

① 麥金森. 公司財務理論 [M]. 大連：東北財經大學出版社，2002：238.

（2）二項樹模型。

二項樹模型是在每一期將出現的兩種可能性的假設下構築現金流量或某種價格波動的模型①。市場機遇價值受外部環境影響較大，隨著時間的推移與環境的變化，市場機遇價值具有不確定性。它可能上漲，也可能會下跌。因此，可以採用二項樹模型對市場機遇價值進行評估。

假設核心企業評估一個市場機遇價值，預計此市場機遇的有效期限為 T_k 年，估計現時投資額為 I，無風險利率為 f。由於環境的不確定性導致市場機遇價值的不斷波動，假定現時市場機遇的價值為 V_0。那麼，T_1 年後市場機遇價值可能有兩種可能性：一種是以概率 P② 上升到 V_u，另一種是以概率 $1-P$ 下降到 V_d。V_0 上升至 V_u 或者下降到 V_d 的幅度為 δ_1，$u_1 = 1 + \delta_1$，$d_1 = 1 - \delta_1$，則 $V_u = u_1 V_0$，$V_d = d_1 V_0$。T_2 年後此市場機遇可能由 V_u 以概率 P 上升到 V_{uu}，以概率 $1-P$ 下降到 V_{ud}。V_u 上漲到 V_{uu} 或下降到 V_{ud} 的幅度為 δ_2，$u_2 = 1 + \delta_2$，$d_2 = 1 - \delta_2$，則 $V_{uu} = u_2 V_u$，$V_{ud} = d_2 V_u$。同時，V_d 以概率 P 上升到 V_{du}，以概率 $1-P$ 下降到 V_{dd}，上升或下降的幅度為 δ_n。以此類推，形成了市場機遇價值變動圖（見圖4-1）。

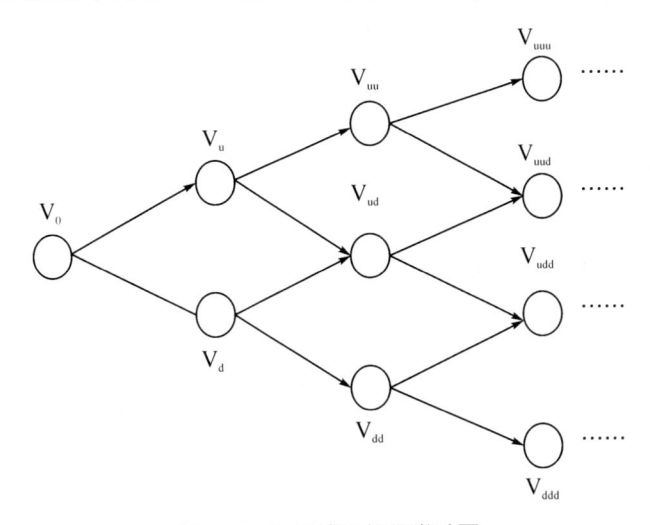

圖 4-1　市場機遇價值變動圖

資料來源：葉飛，孫東川. 面向全生命週期的虛擬企業組建與運作 [M]. 北京：機械工業出版社，2005：37. 略有刪改。

---

① 張志強. 期權理論與公司理財 [M]. 北京：華夏出版社，2000：121.
② 價值變動率 P 作為獲得無風險回報率的各種結果的權重，被稱為風險中性概率（Risk-neutral Probability）。

在二項樹模型中回報率的方差和觀察的正態分佈的方差相等,即

$$Pu_i^2 + (1-P)d_i^2 - [Pu_i + (1-P)d_i]^2 = \delta_i^2 \qquad (4-4)$$

假設市場機遇的價值上下變動是對稱的,可以求得:

$$u = e^{\delta_i}, \ d = 1/u, \ P = (e^f - d)/(u - d) \qquad (4-5)$$

記 $F_{i,j}$ 表示 T_i 時刻二項樹圖中第 j 個節點 (i, j) 的期權價值。通過推導得出:

$$F_{i,j} = e^{-f}[PF_{i+1, j+1} + (1-P)F_{i+1, j}] \qquad (4-6)$$

(3) 兩種方法的選擇。

核心企業只有掌握兩種方法的差別,才能在市場機遇價值評估中,根據具體情況和兩種方法的差異選擇出恰當的評估方法。Black-Scholes 定價模型和二項樹期權定價模型的區別主要表現在以下方面:

第一,假設條件的差異。Black-Scholes 定價模型比二項樹期權定價模型需要更多的假設條件。如 Black-Scholes 定價模型假設條件中包括了期權是歐式看漲期權、市場連續運作等,這些假設在二項樹期權定價模型中不是必須存在的。此外,兩者最關鍵的區別是 Black-Scholes 定價模型一般是看漲期權,而二項樹定價模型中價值的變動不確定,可以上升、可以下降。

第二,隨機變量的狀態不同。在市場機遇價值評估中,市場機遇的價值是一個隨機變量。Black-Scholes 定價模型認為在任何非常短的時期,無風險投資組合的收益必須是無風險利率,市場機遇價值是一個連續型隨機變量,它的運動是連續的過程,不允許價值發生跳躍性的變化。而二項樹定價模型中,市場機遇價值是離散型的隨機變量。隨著價值變動時間間隔的縮短,有限分佈可能變為以下兩種形式之一:如果時間間隔趨於 0,價值變動幅度逐步縮小,則有限分佈成為正態分佈,且運動是一個連續過程;如果隨著時間間隔趨於 0,價值變動幅度仍然比較大,則有限分佈成為泊松分佈,並允許價值發生跳躍性變化。

第三,模型實際性能的不同。二項樹定價模型具有較強的靈活性,它為期權價值的決定提供了一種直觀的方法,並且模型推導比較簡單,簡化了期權定價的計算。但是,其缺點是在定價時需要大量的數據,即每一個節點上市場機遇價值的預測數據;同時,它計算繁雜,優雅度比 Black-Scholes 模型略遜一籌。Black-Scholes 定價模型可以看作二項樹定價模型的一個特例,一個直接計算歐式看漲期權的定價模型,因此,其

應用範圍小於二項樹定價模型，適應性較差。同時，Black-Scholes 模型極大減少了定價所需要的信息量。

3. 評價估值結果

市場機遇價值評估值是核心企業實現市場機遇（即組建虛擬企業）或放棄市場機遇的依據。核心企業根據實際情況選擇出恰當的估值方法後，計算出市場機遇的全部價值，將其與不捕捉市場機遇時的核心企業的價值進行比較。如果前者高於後者，則選擇捕捉市場機遇；反之，則選擇放棄。

4.2.2 預計期望收益衡量制度

衡量預計期望收益是組建虛擬企業之前，核心企業在捕捉市場機遇後預估核心企業、虛擬企業收益的方法。預測收益值不僅可以是核心企業選擇組織模式的參考依據，而且可以作為今後業績評價的收益基期值，為改善虛擬企業經營管理提供依據。所以，預計期望收益衡量制度中需要說明不同組織模式下的預期收益。

市場上會出現多個核心企業同時發現市場機遇的情況，也就是市場上可能會同時出現多個核心企業。各核心企業通過市場機遇價值評估，認為可以捕捉市場機遇，這時就需要選擇虛擬企業的組建方式。而核心企業可以選擇單獨組建虛擬企業，也可以選擇與其他企業共同組建虛擬企業。顯然，面對同一個市場機遇，核心企業將面臨選擇是否與其他核心企業合作的博弈過程。不同的組建方式，虛擬企業的預期收益不同。可以通過收益的比較，選擇出收益最大化的組建方式。

假設核心企業 A 和核心企業 B 為處於同一行業、生產同質產品的企業。它們同時發現同一市場機遇。由於自身資源不足，它們都不能單獨實現市場機遇，因此需要通過組建虛擬企業快速實現市場機遇。

1. 單獨組建虛擬企業

假定核心企業 A 和核心企業 B 選擇單獨組建虛擬企業來實現市場機遇。核心企業 A 與其他合作夥伴共同組建虛擬企業 VE（A），虛擬企業 VE（A）的單位產品成本為 $c(A) = c - x - \theta y$，其中 x 為虛擬企業通過研發活動降低的成本；y 為虛擬企業 VE（B）通過研發降低的成本；$\theta \in [0, 1]$，為企業之間研發溢出係數。虛擬企業 VE（A）從事研發活動的成本為 $C(A) = 0.5\beta x^2$，其中 $\beta > 0.5$。核心企業 A 在虛擬企業 VE（A）

中的收益分配系數為 $k(A)$，$k(A) \in (0.5, 1)$。同理，核心企業 B 與其他合作夥伴共同組建虛擬企業 VE（B），虛擬企業 VE（B）的單位產品成本為 $c(B) = c - y - \theta x$，其中 y 為虛擬企業 VE（B）通過研發活動降低的成本；x 為虛擬企業 VE（A）通過研發降低的成本；$\theta \in [0, 1]$，為企業之間研發溢出係數。虛擬企業 VE（B）從事研發活動的成本為 $C(B) = 0.5\beta y^2$，其中 $\beta > 0.5$。核心企業 B 在虛擬企業 VE（B）中的收益分配係數為 $k(B)$，$k(B) \in (0.5, 1)$。虛擬企業 VE（A）生產量為 $X(A)$，虛擬企業 VE（B）生產量為 $X(B)$。由於 VE（A）和 VE（B）在同一市場上生產同質產品，設反需求函數為 $P = a - X(A) - X(B)$。

可以看出，市場中只有 VE（A）和 VE（B）兩個企業，並且兩企業同時行動、生產同質的產品，市場需求和企業成本函數是共知的。VE（A）和 VE（B）之間的競爭，是一個完全信息下的靜態產量競爭博弈，我們可以使用古諾模型。

虛擬企業 VE（A）決策模型為：

$$\max \pi(A) = [a - X(A) - X(B)]X(A) - X(A)(c - x - \theta y) \quad (4-7)$$

式（4-7）的一階條件為：

$$X(A) = \frac{1}{2}[a - X(B) - (c - x - \theta y)] \quad (4-8)$$

同理，虛擬企業 VE（B）決策模型為：

$$\max \pi(B) = [a - X(A) - X(B)]X(B) - X(B)(c - y - \theta x) \quad (4-9)$$

式（4-9）的一階條件為：

$$X(B) = \frac{1}{2}[a - X(A) - (c - y - \theta x)] \quad (4-10)$$

由式（4-8）和式（4-10）可得出：

$$\begin{cases} X(A) = \frac{1}{3}[a - 2(c - x - \theta y) + (c - y - \theta x)] \\ X(B) = \frac{1}{3}[a - 2(c - y - \theta x) + (c - x - \theta y)] \end{cases} \quad (4-11)$$

將式（4-11）代入式（4-7）和式（4-9）可以得出虛擬企業 VE（A）和 VE（B）的產量競爭後的利潤。

$$\begin{cases} \pi_1^*(A) = \frac{1}{9}[a - 2(c - x - \theta y) + (c - y - \theta x)]^2 \\ \pi_1^*(B) = \frac{1}{9}[a - 2(c - y - \theta x) + (c - x - \theta y)]^2 \end{cases} \quad (4-12)$$

那麼，虛擬企業 VE（A）發現市場機遇時的研發投資決策模型為：

$$\max \pi^*(A) = \frac{1}{9}[a - 2(c - x - \theta y) + (c - y - \theta x)]^2 - 0.5\beta x^2 \quad (4-13)$$

式（4-13）一階條件為：

$$x = \frac{2(2-\theta)[(a-c) + (2\theta-1)y]}{9\beta - 2(2-\theta)^2} \quad (4-14)$$

虛擬企業 VE（B）發現市場機遇時的研發投資決策模型為：

$$\max \pi^*(B) = \frac{1}{9}[a - 2(c - y - \theta x) + (c - x - \theta y)]^2 - 0.5\beta y^2 \quad (4-15)$$

式（4-15）一階條件為：

$$y = \frac{2(2-\theta)[(a-c) + (2\theta-1)x]}{9\beta - 2(2-\theta)^2} \quad (4-16)$$

由式（4-14）和式（4-16）可得出：

$$x^* = y^* = \frac{2(2-\theta)(a-c)}{9\beta - 2(2-\theta)(1+\theta)} \quad (4-17)$$

將式（4-17）代入式（4-13）和式（4-15）可以得出虛擬企業 VE（A）和 VE（B）的淨利潤。

$$\pi^*(A) = \pi^*(B) = \frac{[9\beta^2 - 2\beta(2-\theta)^2](a-c)^2}{[9\beta - 2(2-\theta)(1+\theta)]^2} \quad (4-18)$$

核心企業 A 與核心企業 B 分別從虛擬企業 VE（A）和 VE（B）中獲得的淨利潤分別為：

$$\begin{cases} \Pi^*(A) = k(A) \dfrac{[9\beta^2 - 2\beta(2-\theta)^2](a-c)^2}{[9\beta - 2(2-\theta)(1+\theta)]^2} \\ \Pi^*(B) = k(B) \dfrac{[9\beta^2 - 2\beta(2-\theta)^2](a-c)^2}{[9\beta - 2(2-\theta)(1+\theta)]^2} \end{cases} \quad (4-19)$$

2. 共同組建虛擬企業

核心企業 A 與核心企業 B 共同組建虛擬企業 VE（C），VE（C）的

產量為 $X(C)$，單位成本為 $c(C) = c - x$。其中 x 為 VE（C）通過研發活動降低的成本，投資研發成本為 $C(C) = 0.5\beta x^2$。市場反需求函數為 $P = a - X(C)$。假設核心企業 A 與核心企業 B 在虛擬企業 VE（C）中處於同等地位，那麼，A 與 B 從虛擬企業 VE（C）中獲得的收益分配系數相等，即 $k(A) = k(B) = 0.5$。那麼，虛擬企業 VE（C）利潤最大化時產量決策模型為：

$$\max \pi(C) = [a - X(C)]X(C) - X(C)(c - x) \tag{4-20}$$

式（4-20）一階條件為：

$$X^*(C) = \frac{a - c + x}{2} \tag{4-21}$$

將式（4-21）代入式（4-20）可以求出 VE（C）的最大化利潤：

$$\pi^*(C) = \frac{(a - c + x)^2}{4} \tag{4-22}$$

所以，VE（C）的研發決策模型為：

$$\max \pi(C) = \frac{(a - c + x)^2}{4} - 0.5\beta x^2 \tag{4-23}$$

式（4-23）的一階條件為：

$$x^* = \frac{a - c}{2\beta - 1} \tag{4-24}$$

將式（4-24）代入式（4-23）可以得到虛擬企業 VE（C）的淨利潤：

$$\pi^*(C) = \frac{(2\beta^2 - \beta)(a - c)^2}{2(2\beta - 1)^2} \tag{4-25}$$

那麼，核心企業 A 與核心企業 B 分別從虛擬企業 VE（C）中獲得的淨利潤為：

$$\Pi^{**}(A) = \Pi^{**}(B) = \frac{(2\beta^2 - \beta)(a - c)^2}{4(2\beta - 1)^2} \tag{4-26}$$

3. 比較與選擇

通過構建模型，式（4-19）和式（4-26）分別表示核心企業 A 與核心企業 B 通過單獨組建和共同組建虛擬企業得到的淨利潤。核心企業以利潤最大化為原則，它必定會選取利潤最大的方式組建虛擬企業。

第一，當 $\theta = 0$ 時，核心企業 A 和 B 由單獨組建虛擬企業獲得的淨利

潤為：

$$\begin{cases} \Pi^*(A) = k(A)\dfrac{(9\beta^2 - 8\beta)(a-c)^2}{(9\beta - 4)^2} \\ \Pi^*(B) = k(B)\dfrac{(9\beta^2 - 8\beta)(a-c)^2}{(9\beta - 4)^2} \end{cases} \quad (4-27)$$

通過比較可以得出：

$$\Pi^*(A) = k(A)\frac{(9\beta^2 - 8\beta)(a-c)^2}{(9\beta - 4)^2} < k(A)\frac{\beta(a-c)^2}{9\beta - 4} < \frac{\beta(a-c)^2}{8\beta - 4} = \frac{(2\beta^2 - \beta)(a-c)^2}{4(2\beta - 1)^2} = \Pi^{**}(A)$$

同理可以得出：$\Pi^*(B) < \Pi^{**}(B)$。

所以，如果企業之間不存在研發溢出效應，即 $\theta = 0$ 時，那麼當兩個核心企業同時面臨同一個市場機遇時，共同組建虛擬企業比單獨組建虛擬企業的預期收益更優。這時，可以選擇平行模式或聯邦模式來組建虛擬企業。

第二，當 $\theta = 1$ 時，核心企業 A 和 B 由單獨組建虛擬企業獲得的淨利潤為：

$$\begin{cases} \Pi^*(A) = k(A)\dfrac{(9\beta^2 - 2\beta)(a-c)^2}{(9\beta - 4)^2} \\ \Pi^*(B) = k(B)\dfrac{(9\beta^2 - 2\beta)(a-c)^2}{(9\beta - 4)^2} \end{cases} \quad (4-28)$$

通過比較可以得出：

$$\Pi^*(A) = k(A)\frac{(9\beta^2 - 2\beta)(a-c)^2}{(9\beta - 4)^2} > \frac{(9\beta^2 - 2\beta)(a-c)^2}{2(9\beta - 4)^2} > \frac{(2\beta^2 - \beta)(a-c)^2}{4(2\beta - 1)^2} = \Pi^{**}(A)$$

同理可以得出：$\Pi^*(B) < \Pi^{**}(B)$。

所以，如果企業之間存在研發溢出效應，即 $\theta = 1$ 時，那麼當兩個核心企業同時面臨同一個市場機遇時，單獨組建虛擬企業比共同組建虛擬企業更優。這時，可以選擇星型模式組建虛擬企業。

第三，當 $0 < \theta < 1$ 時，即企業之間存在一定的研發溢出效應。當研發溢出效應較明顯時，單獨組建虛擬企業比共同組建虛擬企業的決策更

優；當研發溢出效應較弱時，共同組建虛擬企業比單獨組建虛擬企業的決策更優。

此外，式（4-18）和式（4-25）是虛擬企業組建後的淨利潤，可以作為今後虛擬企業績效考評的參考數值，進而為企業經營管理提供決策依據。

需要說明的是，上文中僅假設核心企業 A、B 是橫向關係，即兩者屬於同一行業並生產同質產品的企業的情況，通過構建兩個核心企業的靜態博弈模型，得出核心企業面對可行市場機遇時選擇組建虛擬企業的模式，並相應得出收益的預測值。但現實中，可能遇到核心企業之間是上下游企業之間的縱向關係、存在兩個以上核心企業、僅有一個核心企業等多種情況，那麼，可以擴展模型或建立類似模型，同樣運用博弈分析方法得出虛擬企業的最佳組建方式，並預計收益。

4.3　虛擬企業組建期的財務制度安排

如果核心企業決定通過組建虛擬企業來實現市場機遇，並為虛擬企業制定了目標、選擇了適用的運行模式，就可以開始組建虛擬企業。此時，虛擬企業就進入了組建期。組建期主要是選擇合作夥伴、構建虛擬企業的信息網絡、優化重組各成員企業的資源等準備工作。此階段，財務制度安排的主要內容有籌資制度、投資制度等。

4.3.1　籌資制度

資金是從事生產經營的基本條件，是企業再生產活動的第一推動力。資金籌集是資金運動的起點。沒有資金，企業就不能獲得各種生產要素。虛擬企業只有建立完善的籌資制度，才能為順利開展投資、收益分配等財務活動奠定基礎。籌資制度是規範企業選擇籌資時機、數量、來源、方式及其結構等財務活動的重要手段和籌資任務完成的重要保證[①]。虛擬企業籌資制度為虛擬企業的基本運行提供資金保障。它除了具備傳統企

---

① 馮建，伍中信，徐加愛. 企業內部財務制度設計與選擇 [M]. 北京：中國商業出版社，1998：39.

業的籌資內容外，還需要突顯自身籌資的特點。第一，及時性。市場機遇稍縱即逝，如果虛擬企業籌資時機怠慢、籌資數量不到位，極有可能會影響虛擬企業的有效運作。第二，協調性。虛擬企業中包含了若干個企業，如果其中一方籌資不利，則會影響虛擬企業的整體運作。這就需要各成員企業相互配合，通過各種方法如相互拆借資金等手段，實現虛擬企業的籌資目標。基於此可以認為，虛擬企業的籌資制度是虛擬企業對資金籌集的行為準則和策略規定，主要包括確定籌資目標、選擇籌資方式等方面。

1. 籌資目標

虛擬企業籌資目標主要包括三點。第一，滿足投資需要目標。籌資制度是投資制度的前提，各成員企業的籌資規模、時機、組合必須依據和適應投資的整體需要。第二，籌資低風險、低成本目標。籌資成本必須是企業有能力承受的，低成本是虛擬企業選擇和確定籌資方式的基本標準；同時，虛擬企業要注意各種資金的均衡配比關係，在籌資環節就把虛擬企業的風險降到最小。第三，籌資協調目標。虛擬企業中各成員企業都會根據各自情況進行籌資安排，但有時可能「力不從心」。這就需要虛擬企業以整體利益最大化為原則，對內部進行籌資協調，如核心企業為成員企業提供擔保等。只有虛擬企業內部相互協調，才能實現籌資的高效率，提高整體的綜合效益和競爭能力。

2. 籌資方式的選擇

虛擬企業的籌資方式取決於其整合企業外部資源與內部資源的能力。傳統企業融資政策中區分企業內外資源的界限十分清楚，這是由傳統企業所面臨的資源約束條件決定的。相對而言，虛擬企業以網絡為整合資源的基本平臺，這使虛擬企業融資方式發生了顯著性變化，使企業通過市場與企業內部整合資源的界限開始模糊，由此引起融資方式的變化。

總體來說，虛擬企業的籌資方式主要有內部籌資和外部籌資兩種方式。內部籌資來源於虛擬企業中各成員企業的內部融資、個人投資等。外部融資來源於社會集資，主要有發行短期債券、外資注入、接受捐贈、為各成員企業提供擔保獲得銀行貸款等方式。但是，在實際中，一般要求籌資者具有法人資格，這樣不會因鬆散的項目組的解散而使款項沒有著落，也會降低貸款者的風險。但由於虛擬企業一般不具有法人資格，進行社會集資的難度較大，所以，虛擬企業常常依託於成員企業進行資

本籌措或者以成員企業之間的相互信用融資、相互拆借、相互投資等多種方式來調節資金餘缺。以星型模式為例，籌資制度的實施主體是虛擬企業的財務制度安排主體，即盟主企業，其先根據預期收益預測出各環節所需要的資金量，再將相關信息反饋給各成員企業。各企業根據資料，測算出資金需求量，並將資金可供量與其進行比較，進而制定該企業的籌資計劃。若盟主企業資金缺口較大，可憑藉盟主企業的法人資格，通過發行債券等方式獲得資金；若成員企業資金量不足，盟主企業可以通過拆借資金、提供擔保等方式給予成員企業資金上的協助。這樣既解決了資金來源問題，又充分發揮了資金協同效應。

4.3.2 投資制度

投資涉及財產的累積以求在未來得到收益。從字面意思來看，投資就是「將物品放入其他地方的行動」。從財務學角度來看，投資是相對於投機而言的，投資更趨向於為了在未來一定時間段內獲得某種比較持續穩定的現金流收益，是未來收益的累積。投資是虛擬企業捕捉投資機遇的實際行動，也是虛擬企業財務管理的重要組成部分。

虛擬企業的投資行為是按照財務計劃的規定進行的。一般是財務制度安排的主體，如盟主企業、財務委員會或 ASC，首先編製產品或項目的資本預算，通過各成員企業審議形成財務實施計劃。財務計劃明確寫明投資規模、投資類型、投資風險等。各成員企業按照財務計劃的具體情況，相應地制定本企業的投資制度。虛擬企業為保證財務計劃的順利執行，應制定以下制度：

1. 投資風險管理制度

一般虛擬企業主要投資於高風險、高收益的項目，面臨的投資風險較大。為了盡可能避免和減少投資可能帶來的損失，虛擬企業應該認真研究投資風險形成的原因、可能的後果，並採取風險迴避、風險損失控制等各種辦法實施風險控制，盡可能達到最優投資組合。

2. 監督財務計劃執行制度

財務計劃是投資行為的「參照系」，它的執行效果直接影響到投資行為的成敗，所以，要監督財務計劃的執行情況。可以在虛擬企業財務委員會或協調委員中推舉 1～2 人作為財務監事，行使資本運作的監督和控制職權。財務監事若發現投資環境發生變化，應及時反饋給財務制度安

排的主體，並調整財務實施計劃。

3. 信息基礎設施投資制度

信息和知識是虛擬企業力量的源泉，但信息與知識集成需要必備的硬件平臺——良好的信息基礎設施。信息基礎設施的建設和維護是一項耗資較大的工程，它是虛擬企業投資的重要構成，虛擬企業要格外關注信息基礎設施的情況，所以建立信息基礎設施制度十分必要。

虛擬企業需要各成員企業具備良好的信息基礎設施，但由於雙方的信息不對稱，虛擬企業主體很難掌握各成員企業信息基礎設施的真實狀況。受短期利益驅動，一些信息基礎設施欠佳的成員企業，可能會誇大自身信息基礎設施的情況，即有逆向選擇的動機，這給虛擬企業加大了運行難度。因此，核心企業只有瞭解合作夥伴的信息基礎設施的真實情況，才能做出正確決策。對核心企業而言，為了提高虛擬企業的運作效率，有必要對合作夥伴的信息基礎設施進行實地監督，以防止欺騙行為發生。但是，核心企業的實地檢查會增加成本。這就會存在核心企業是否檢查成員企業、合作夥伴是否進行基礎設施投資之間的博弈。

合作夥伴只有投資基礎設施，才能達到虛擬企業的最佳運作平臺條件，實現高收益。下文通過建立模型，推導出合作夥伴投資、檢查費用最小的均衡狀態，以便為制定信息基礎設施投資制度提供建議。合作夥伴的純策略選擇是「投資」與「不投資」，核心企業的純策略選擇是「檢查」與「不檢查」。表 4-2 為投資信息基礎設施建設的博弈收益矩陣。

表 4-2　　　　投資信息基礎設施建設的博弈收益矩陣

核心企業＼合作夥伴	投資	不投資
檢查	$(A_1 - C, B_1 - I)$	$(A_2 - C + F, B_2 - F)$
不檢查	$(A_1, B_1 - I)$	(A_2, B_2)

如果合作夥伴選擇「投資」策略、核心企業選擇「檢查」策略時，核心企業的收益為 $A_1 - C$，合作夥伴的收益為 $B_1 - I$。其中，A_1 是在合作夥伴投資信息基礎設施的條件下，核心企業從虛擬企業中獲得的期望收益；B_1 是在這種情況下合作夥伴從虛擬企業中獲得的期望收益；C 為核心企業檢查合作夥伴花費的成本；I 為合作夥伴投資信息基礎設施建設的

費用。如果合作夥伴選擇「投資」策略、核心企業選擇「不檢查」策略時，核心企業的收益為 A_1，合作夥伴的收益為 $B_1 - I$。如果合作夥伴選擇「不投資」策略、核心企業選擇「檢查」策略時，核心企業的收益為 $A_2 - C + F$，合作夥伴的收益為 $B_2 - F$。其中，A_2 是在合作夥伴不投資信息基礎設施的條件下，核心企業從虛擬企業中獲得的期望收益；B_2 是在這種情況下合作夥伴從虛擬企業中獲得的期望收益；F 為核心企業發現合作夥伴沒有投資信息基礎設施建設而對合作夥伴的懲罰。如果合作夥伴選擇「不投資」策略、核心企業選擇「不檢查」策略時，核心企業的收益為 A_2，合作夥伴的收益為 B_2。一般來說，合作夥伴建設信息基礎會促使內部信息通暢，有助於相互溝通，提高虛擬企業的效率，故 $A_1 > A_2$，$B_1 > B_2$。

假定合作夥伴投資信息基礎設施建設的概率為 r，則不投資的概率為 $(1-r)$；核心企業檢查的概率為 θ，不檢查的概率為 $(1-\theta)$。

核心企業的期望收益為：

$$\pi_c(r,\theta) = \theta\left[r(A_1-C)+(1-r)(A_2-C+F)\right]+(1-\theta)\left[rA_1+(1-r)A_2\right] \tag{4-29}$$

對式（4-29）中的 θ 求偏導，得：

$$r^* = \frac{F-C}{F} \tag{4-30}$$

合作夥伴的期望收益為：

$$\pi_p(r,\theta) = r\left[\theta(B_1-I)+(1-\theta)(B_1-I)\right]+(1-r)\left[\theta(B_2-F)+(1-\theta)B_2\right] \tag{4-31}$$

對式（4-31）中的 r 求偏導，得：

$$\theta^* = \frac{B_2-B_1+I}{F} \tag{4-32}$$

那麼，博弈的混合納什均衡解為：

$$\left(\frac{B_2-B_1+I}{F}, \frac{F-C}{F}\right) \tag{4-33}$$

對於納什均衡解的討論，可得出信息基礎建設投資制度的制定方針：

第一，當核心企業制定的懲罰力度 F 越大時，合作夥伴投資的概率 r 也越大，表明懲罰力度對合作夥伴投資行為有強化作用；但核心企業的檢查概率 θ 卻隨著合作夥伴懲罰力度增大而減少，表明核心企業制定的

懲罰措施在功能上可以代替檢查的作用。

第二，合作夥伴投資於信息基礎設施建設的費用 I 越大，核心企業的檢查概率 θ 就越大，這說明投資費用越大，核心企業認為合作夥伴的投資概率可能會越小，因此，核心企業為了防止合作夥伴選擇「不投資」策略，必須提高檢查概率以「強迫」合作夥伴投資。

第三，如果檢查費用 C 越大，合作夥伴投資的概率 r 則越小。這說明檢查費用越大，合作夥伴認為核心企業選擇「檢查」策略的概率越小，那麼，合作夥伴就沒有積極性投資信息基礎設施建設。對此，核心企業可以通過提高懲罰力度來彌補檢查困難的不足，從而達到強化合作夥伴投資信息基礎設施建設的目的。

由此可見，信息基礎建設投資制度要求合作夥伴對信息基礎設施進行維護、升級；如果合作夥伴的基礎設施不能滿足數據傳輸的需要，應制定懲罰規則來威懾合作夥伴投資基礎設施。此外，還應明確檢查的力度、頻率等，這些都有利於虛擬企業投資建設信息基礎設施。

4.4 虛擬企業運作期的財務制度安排

虛擬企業組建後就進入了運作期，開始了正常的生產經營活動。此階段是虛擬企業運行的關鍵階段，也是顯性財務制度安排的重要環節。運作期的管理內容主要包括夥伴關係管理、任務分配與協調、運行反饋與監控等，具體財務制度安排要以運作期的管理內容為依託。這一階段的財務制度主要有籌資制度、投資制度、風險管理制度、利益分配制度、成本管理制度、績效評價制度。其中，籌資制度、投資制度主要是對重複籌資、擴張投資等行為的約束，需要考慮的問題參見前文內容，此處不再贅述。

4.4.1 風險管理制度

風險與收益總是相伴而生的，企業要追求利潤，就必然面臨風險。風險來自企業及其外部環境的不確定性，而能否經受得住風險的考驗，則取決於企業自身的能力。虛擬企業是一個臨時的動態聯盟，它能快速抓住市場機遇，讓合作各方獲得收益。但是，虛擬企業的各成員企業在

享受共同收益的同時，也要承擔比傳統企業更大的風險。根據 Lacity 等人的研究，外包形式的虛擬企業中只有 47.8% 獲得了完全成功，13%完全失敗，19.6%處於高風險狀態，19.6%因時間長度問題不能確定，其中高風險和完全失敗的比例達到總數的 32.6%[①]。由此可以看出，風險問題及其帶來的負面影響不容忽視，它可能導致虛擬企業中途失敗，給企業帶來不可挽回的損失。

　　風險存在於虛擬企業生命週期的每個階段，但在運作期表現得最為突出、最為全面。在醞釀期、組建期、解體期都會面對不同的風險，如市場機遇的選擇、籌資等財務行為會產生市場機遇捕捉風險、籌資風險。但嚴格執行市場機遇價值評估制度和籌資制度都可以在一定程度上規避此類風險。所以，此處主要強調在虛擬企業運行期中所面對的風險[②]。

　　虛擬企業的風險管理已經超越了傳統企業管理的邊界，它不是傳統企業風險管理的簡單延伸，而是通過利用財務價值管理手段，控制不確定因素使虛擬企業平穩運作、最大限度地降低內部交易費用、凝聚各成員企業的核心能力，並在虛擬企業「契約人」利益最大化基礎上實現公平利益分享的一種風險管理方式。虛擬企業風險管理制度試圖通過一系列風險分析並以此為基礎合理地使用多種管理方法、技術和手段，對虛擬企業構建和經營活動涉及的風險實施有效控制，盡量減少風險的不利結果，保證虛擬企業安全可靠地實現經營總目標。一般將風險管理分為風險識別、風險評估、風險控制三個階段，並且在運行中三者是一個不斷循環的過程。風險管理流程圖如圖 4-2 所示。

　　1. 風險識別制度

　　風險識別是將虛擬企業所面臨的不確定因素進行判斷、歸類和性質鑒定的過程。風險識別的主要方法包括感性認識、經驗判斷和依靠各種客觀手段如統計、經營資料、風險記錄等進行分析、歸納和整理。風險識別制度要求說明虛擬企業面對的各種風險因素，並判斷風險發生的可能性；分析虛擬企業所面臨的風險可能造成的損失；鑒定風險的性質；等等。

[①] LACITY M C, WILLCOCKS L R, FEENY F. IT outsouring: maximize flexibility and control [J]. Harvard Business Review, 1996, 5-6.

[②] 有些財務行為是連貫的，可能會貫穿虛擬企業運行的全過程，不能單獨割裂成某一階段的行為。這樣它所對應的風險就不能單單歸入某一階段的風險。但此處，筆者主要分析運行期體現的主要風險。在實際設計制度時，可以根據不同情況進行相應調整。

图 4-2 风险管理流程图

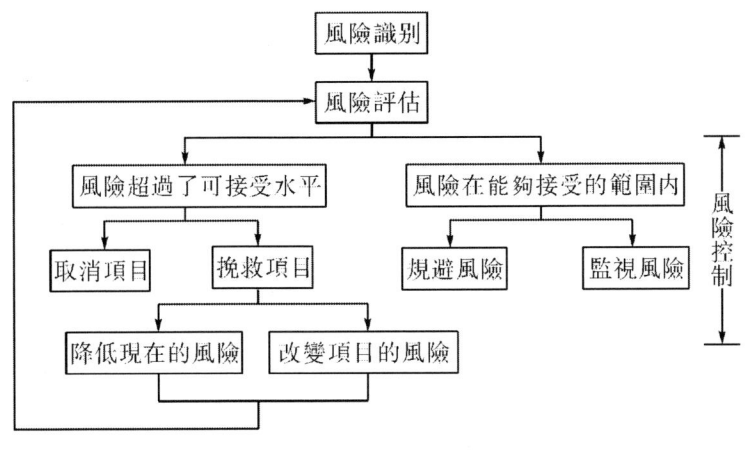

资料来源：戴飞挺. 虚拟企业风险管理研究 [D]. 杭州：浙江工业大学，2005：29. 略有删改。

虚拟企业的风险一般分为两大类：一类是同传统企业一样，来自虚拟企业外部的风险，即非系统性风险，包括自然风险、市场风险、政治风险、金融风险等；另一类是来自虚拟企业内部的风险，即系统性风险。本书主要分析虚拟企业特有的风险。

（1）合作风险。虚拟企业的成员主要以契约的形式连接起来，同时这种连接也是建立在成员企业间相互信任的基础上的。由于存在信息不对称，可能出现单方违约、弄虚作假、泄漏核心机密等情况，这都会给虚拟企业带来巨大损失。另外，各成员企业之间由于不同的企业文化和管理模式、不同的技术标准和硬件环境等，会造成合作项目中出现延期、质量缺乏保证、激励不足等问题。

（2）战略风险。在虚拟企业战略制定并执行的过程中，破坏了目标、自身条件和外部环境三者之间的动态平衡状态，就会产生战略风险。战略风险一般来源于两个方面：一是资产专用性水准，由于资产的不可逆转性导致的「套牢」现象普遍存在，这可能导致战略的潜在不可逆转性和系统战略性的丧失；二是虚拟企业战略与成员企业战略的相互冲突，出现成员的发展方向、发展目标及其资源配置不符合虚拟企业要求的现象，可能导致虚拟企业由于缺乏成员企业的战略配合而错失良机。

（3）知识产权风险。由于各成员企业投入的都是企业的核心能力，在协作过程中难免出现技术交流与沟通；同时，虚拟企业具有动态性，

成員企業此時為合作夥伴，彼時可能會成為競爭對手。這些情況都可能造成成員企業專有技術的外泄與核心能力的喪失。

（4）道德風險。虛擬企業通過高效網絡信息溝通平臺實現了信息共享，但是仍然存在信息不對稱問題，有可能出現虛報信息、欺騙等各種敗壞道德行為，從而難以避免道德風險。

2. 風險評估制度

風險評估是在風險識別的基礎上，通過分析所收集的信息，運用概率統計的方法來評估風險因素發生的概率和程度。風險評估制度需要說明風險評估的方法、企業可以接受風險程度的標準、防範風險費用的可接受程度等。其中，企業可以接受風險程度的標準、防範風險費用的可接受程度，應根據虛擬企業的經驗數據進行確定；而風險評估方法是風險評估制度研究的核心。風險評估方法可分為定性方法和定量方法。虛擬企業可以根據自身情況，有選擇地確定評估方法，可以兩種方法兼用，也可以選用一種。

（1）定性評估

風險的定性評估是指對已識別出的風險影響和可能性進行評估的過程，常採用的方法有德爾菲法、專家評判法等。虛擬企業選擇的專家要求具備瞭解虛擬企業的運作過程、掌握市場環境的能力。相關學者一般可從核心企業中選派，或從外部聘請。

（2）定量評估

定量評估是運用數學、統計學等知識，構建模型並推導出風險發生的概率。虛擬企業是一個由許多功能部分組成的複雜系統，面向如此複雜系統的風險評估應採用系統分析的方法。從系統角度出發，在全面分析系統的目標和各部分功能以及它們相互關係的基礎上，考察各風險的運作規律，最終確定整體風險水準。基於這一原則，我們最常選擇的評估方法是模糊綜合評價法。

模糊綜合評價法是用模糊數學對受到多種因素制約的事物或對象做出一個總體的評價。假設虛擬企業模糊評估因素的集合為：$U = \{u_1, u_2, \cdots, u_m\}$，其中，$u_1, u_2, \cdots, u_m$ 代表虛擬企業識別的風險因素。模糊評語集為：$V = \{v_1, v_2, v_3, v_4, v_5\}$，其中 v_1 表示風險很高，v_2 表示風險較高，v_3 表示風險一般，v_4 表示風險較低，v_5 表示風險比較低。運用模糊綜合評價法評估虛擬企業風險的具體步驟為：

（1）確定風險因素集的權重。採用層次分析法（Analytic Hierarchy Process）測出風險因素的權重 $W = \{w_1, w_2, \cdots, w_m\}$。

（2）確定風險評估的模糊關係矩陣：

$$R = \begin{pmatrix} r_{11} & \cdots & r_{15} \\ \vdots & \ddots & \vdots \\ r_{m1} & \cdots & r_{m5} \end{pmatrix} \qquad (4-34)$$

其中，r_{ij} 表示從因素 u_i 著眼，該風險被評為 v_j 等級的程度。

（3）進行風險模糊綜合評估。風險模糊綜合評估的結果為 H，H 為：

$$H = W \cdot R = (w_1, w_2, \cdots, w_m) \cdot \begin{pmatrix} r_{11} & \cdots & r_{15} \\ \vdots & \ddots & \vdots \\ r_{m1} & \cdots & r_{m5} \end{pmatrix} = (h_1, h_2, h_3, h_4, h_5)$$

$$(4-35)$$

（4）根據隸屬度最大的原則確定虛擬企業風險發生的可能性。

需要說明的是，虛擬企業是個複雜的系統，需要考慮的風險因素很多，而且這些因素還可能分屬不同的層次和類別。為了便於區分各因素在總體評價中的地位和作用，全面吸收所有因素提供的信息，一般先在較低的層次中分門別類地進行第一級綜合評判，然後再綜合評判結果，進行高一層次的第二級綜合評判。以此類推，進行多層次多級的模糊綜合評價。

此外，虛擬企業風險的評估也可採用蒙特卡洛數字仿真法、神經網絡法、模式識別方法等。這些方法計算複雜、對企業信息要求較高，虛擬企業在條件滿足的情況下，可以選擇此類方法，但需要考慮成本–收益原則。

3. 風險控制制度

風險評估後，如果風險超過了可接受水準，可以當即取消項目或者採取一定的措施挽救項目。如果風險在能夠接受的範圍內，虛擬企業需要盡可能地規避風險、監視風險。故而，風險控制制度著重強調控制風險的方法。此外，企業還應對其執行效果進行檢查和評價，修正風險處理方案，以適應新的環境、實現最佳的管理效果。控制風險的方法很多，除了傳統企業採用的自留風險、轉嫁風險等方法外，虛擬企業還可從事前控制、事中控制、事後控制三個角度著手，實現全程風險控制。

（1）事前風險控制

虛擬企業的事前風險控制是在虛擬企業風險發生之前進行的監控。事前風險控制可以規避大部分風險，同時帶有一定預防作用。相關制度要求虛擬企業在正式運行之前，對虛擬經營的全過程進行分析，以確立虛擬經營的可行性、可靠性並找到管理控制的關鍵點，這是降低風險最為有效的方法。此外，可以設計動態合同體系。馮蔚東（2001）等提出了一種兩層動態合同體系，即核心企業之間採用基於「風險分擔、收益共享」原則的風險合同形式，核心企業與外圍企業採用基於分包形式的動態合同。基於分包形式的動態合同的核心思想是在項目實施的不同階段採取不同的合同形式以防範風險，同時設立動態檢查機制，及時規避風險。合同具體情況見表4-3。

表4-3　　　　　　　　　動態合同形式一覽表

項目進行初期	CPFF（成本+固定酬金合同）
項目進行中期	CPIF（成本+激勵酬金合同） 或者 CPAF（成本+獎勵酬金合同）
項目進行後期	FFP（固定價格激勵合同）

資料來源：馮蔚東，陳劍，趙純均. 虛擬企業中的風險管理與控制研究［J］. 管理科學學報，2001（6）：3. 有刪改。

（2）事中風險控制

事中風險控制是指虛擬企業在項目運行之中對風險加以控制，它是風險控制的核心。風險控制制度主要從以下方面進行安排：

第一，對關鍵資源的管理控制。虛擬企業在實施虛擬經營過程中，對關鍵資源的管理控制是否得當是整個虛擬企業能否降低經營風險、保證產品質量的關鍵。在相關制度中，應說明關鍵利用的資源、控制方式等情況。

第二，合作夥伴的信用管理。虛擬企業交易的完整性依賴於成員企業之間的信用。信用管理要以較完備的交易契約和執行合同的適當治理機制為基礎，建立協調和處理問題的合作機制。同時，還要不斷加強「敏捷信任」（Swift Trust）[①]。「敏捷信任」是在有限的時間，依靠相互間

[①] MEYERSON D, KREMER R M. Swift trust and temporary groups［M］. Sage Publications，1996：166-195.

緊密的協作來實現一個共同的、明確的目標。各成員企業之間的敏捷信任關係的建立有賴於組織間的合作經歷、組織間的相互溝通、組織的背景等方面，考慮到要規避風險，虛擬企業可以採取措施增加「敏捷信任」水準。如在夥伴之間建立多種形式的、暢通的溝通渠道；明確總體目標，合理劃分各成員的任務；等等。此外，應在虛擬企業內部建立聲譽機制，如果出現詐欺等不道德行為時，要通過網絡迅速傳播開來。這種網絡對聲譽機制的擴散作用將對成員企業的不合作行為起到威懾作用，從而可以有效地控制合作風險。

第三，在信息共享過程中加強網絡安全的管理。虛擬企業需要把各類信息通過網絡傳遞給合作夥伴，其中可能涉及虛擬企業的商業機密；同時，他人也可能通過網絡剽竊虛擬企業的核心技術。因此，要通過加強基礎建設、對不同職位設定不同權限等手段來強化網絡安全性。

第四，加強程序化決策。針對個人因素引起的風險，程序化決策是一個有效的防範方法。盡可能使決策按程序進行，可以有效地防範個人隨意性決策、個人非理性決策、個人偏好決策、經驗性決策帶來的風險。

（3）事後風險控制

事後風險控制是虛擬企業在發生風險之後，所採取的補救措施。一般採取緩解戰略減少風險造成的損失，如發生市場風險後，虛擬企業應及時調查市場風險的產生原因，並果斷地採取放棄策略或收割策略。所以，要成立風險管理小組處理應急事件，對所遇到的風險事件進行分析，找出風險的根源和可控制程度，並做出相應的決策。

4.4.2 利益分配制度

虛擬企業形成的根本原因在於成員企業尋求自身的最大利益。儘管虛擬企業有多種組織模式，但究其本質，這些模式都是為了在複雜多變、競爭激烈的環境中求得生存和發展，並實現經濟利益。一方面，各成員企業是否通過虛擬企業實現一定的經濟利益，以及對該利益是否滿足、是否受到激勵，這些對於虛擬企業的穩定和有效運行起著決定性的作用；另一方面，虛擬企業是否有效運行又同樣決定著虛擬企業的利益是否能順利實現。這就構成了相互影響、相互依賴的反饋結構（見圖4-3）。

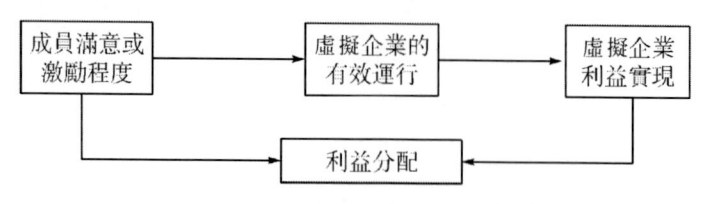

圖 4-3　利潤分配在虛擬企業運行中的反饋結構圖

在反饋結構中，成員滿意程度的提高會促進虛擬企業的有效運行，有效運行又會促進虛擬企業利益的實現。虛擬企業利益的實現與成員的滿意程度之間的關係，涉及虛擬企業利益分配問題。一個利益分配方案可能導致在虛擬企業整體利益實現的情況下，各成員企業的滿意度反而降低，並最終妨礙虛擬企業利益的進一步實現。由此可見，利益分配是虛擬企業運行中的重要問題。利益分配制度就是要規範利益分配行為、保證虛擬企業的成功運作。利益分配制度要說明利益分配的基本原則、利益分配的模式及其相關問題。

1. 利益分配的原則

利益分配原則是實現利益分配的前提。只有遵循公平、合理的原則，才能制定出科學、有效的財務制度。

（1）互惠互利原則。獲取某種經濟或市場利益是成員企業參與虛擬企業的主要目的，收益分配應保證各成員企業「有利可圖」。因此，在虛擬企業組建過程中，要保證參與虛擬企業的各成員企業都能從組建的「聯盟」中獲得相應的利益，否則一些成員企業獲得收益的同時，另一些成員企業沒有獲得收益或者所得的收益小於不參與「聯盟」所得的收益。

（2）收益與風險配比原則。虛擬企業在營運過程中伴隨著許多不確定性因素，在制訂利益分配方案時，如果不考慮成員企業獲得的收益與承擔風險的對應關係，成員企業就不會積極地參與有風險的任務。所以，利益分配要從實際情況出發，合理確定收益和風險分配的最優結構，使成員企業能夠實現最佳合作、協同發展。

（3）收益和成本對稱原則。「努力上的差異帶來的收入上的差異，一般被認為是公平的」[①]，所以，付出與回報成正比是投資的一般原則。在制定利益分配制度時，要充分考慮成員企業所承擔成本的大小，所獲得

---

① 奧肯. 平等與效率 [M]. 王奔洲, 等譯. 北京: 華夏出版社, 1999: 130.

的收益要與付出成本對稱，實現「多付多得」，以增強合作的積極性。

（4）滿意度決策原則。虛擬企業制訂收益分配方案要從各成員企業的利益出發，需要一個逐步協商談判的過程。滿意度決策就是通過衝突成員企業之間的相互讓步，不斷改變其滿意度並尋找最佳的利益分配方式，最終使各成員的總體滿意度達到最高。

2. 利益分配模式

利益分配模式是虛擬企業有效的適應性選擇，不同虛擬企業的傾向也會有所不同。受市場機遇的性質、行業特徵、成員企業的市場勢力、發展戰略、風險和收益的可能性等因素的影響，虛擬企業可選擇共享產出利益分配模式、固定報酬模式和混合利益分配模式。共享產出利益分配模式是指成員企業按照其對虛擬企業的貢獻大小而從虛擬企業中獲得一定的利益份額，這是一種利益共享、風險共擔的分配模式。固定報酬模式是虛擬企業根據各成員企業承擔的任務，按事先協商的標準從總收益中支付固定的報酬，而核心企業享有其餘全部剩餘，同時也承擔全部風險。混合利益分配模式是以上兩種模式的混合形式。

（1）基本模式描述[①]。

假設虛擬企業由兩個成員 A、B 組成，其中成員 A 為盟主、成員 B 為盟員企業，二者都是風險中性的。虛擬企業的成本由生產性成本和創新性成本兩部分組成。生產性成本是可證實的、可依據市場價格確定的成本，是相對固定的，是與努力程度無關的一個常數；創新性成本是難以證實、不能計量的隱性智力投入，並和努力程度具有很強的相關性，它隨著努力程度的增加而增加。

設 A 和 B 的工作努力水準分別為 X_A、X_B；工作貢獻系數分別為 α_A、α_B；生產性成本分別為 C_{AX}、C_{BX}；創新性成本系數分別為 β_A、β_B；A 和 B 分別占虛擬企業總收入分配比例為 S、$1-S$，其中 $0 \leq S \leq 1$；A 支付給 B 的固定報酬為 T。

為使研究的問題不失一般性，這裡假設兩成員企業的創新性成本和虛擬企業的總收入均為努力水準的二次性函數，即 A 和 B 的創新性成本分別為：

[①] 這裡借鑑了陳菊紅等人的研究成果，並將其進行一般化處理。參見：陳菊紅，汪應洛，孫林岩. 虛擬企業收益分配問題博弈研究 [J]. 運籌與管理，2002（1）：13.

$$C_A(\beta_A X_A) = C_{A0} + \frac{1}{2}(\beta_A X_A)^2$$

$$C_B(\beta_B X_B) = C_{B0} + \frac{1}{2}(\beta_B X_B)^2 \quad (4-36)$$

其中，C_{A0}、C_{B0} 為固定成本。

虛擬企業的總收入為：

$$R(\alpha_A X_A, \alpha_B X_B) = \frac{1}{2}(\alpha_A X_A + \alpha_B X_B)^2 + (\alpha_A X_A + \alpha_B X_B) + R_0 + \xi$$

$$(4-37)$$

其中，R_0 為常數，ξ 為隨機干擾項且 $\xi \sim N(0, \sigma^2)$。

虛擬企業的淨收益為：

$$P = R - C = \left[\frac{1}{2}(\alpha_A X_A + \alpha_B X_B)^2 + (\alpha_A X_A + \alpha_B X_B) + R_0 + \xi\right]$$
$$- \left[C_{A0} + \frac{1}{2}(\beta_A X_A)^2 + C_{AX} + C_{B0} + \frac{1}{2}(\beta_B X_B)^2 + C_{BX}\right]$$

$$(4-38)$$

A 的收益為：

$$P_A = S \times R(\alpha_A X_A, \alpha_B X_B) - C_A(\beta_A X_A) - C_{AX} - T \quad (4-39)$$

$$= S \times \left[\frac{1}{2}(\alpha_A X_A + \alpha_B X_B)^2 + (\alpha_A X_A + \alpha_B X_B) + R_0 + \xi\right] - \left[C_{A0} + \frac{1}{2}(\beta_A X_A)^2\right] - C_{AX} - T$$

B 的收益為：

$$P_B = (1 - S) \times R(\alpha_A X_A, \alpha_B X_B) - C_B(\beta_B X_B) - C_{BX} - T \quad (4-40)$$

$$= (1 - S) \times \left[\frac{1}{2}(\alpha_A X_A + \alpha_B X_B)^2 + (\alpha_A X_A + \alpha_B X_B) + R_0 + \xi\right]$$
$$- \left[C_{B0} + \frac{1}{2}(\beta_B X_B)^2\right] - C_{BX} - T$$

式（4-39）和式（4-40）給出了利益分配的一般模式：

當 $0 < S < 1$ 且 $T = 0$ 時，式（4-39）和式（4-40）表示的是共享產出分配模式下盟主和盟員的收益；

當 $S = 1$ 且 $T > 0$ 時，式（4-39）和式（4-40）表示的是固定報酬模式下盟主和盟員的收益；

當 $0 < S < 1$ 且 $T > 0$ 時，式（4-39）和式（4-40）表示的是混合模式下盟主和盟員的收益。

（2）利益分配應考慮的因素。

上文對虛擬企業利益分配模式進行了一般化處理，可以看出影響利益分配的因素有 S、T 數值範圍的確定，工作努力水準 X 和努力貢獻程度 α 等。故而，設計利益分配制度時需要對上述問題進行說明。

第一，分配模式的選擇。基於 S、T 數值範圍不同，有三種不同的分配模式，所以，在利益分配制度中首先要明確虛擬企業的利益分配模式。這一般是由虛擬企業內部成員協商談判確定的。葉飛、孫東川通過分析發現利益分配模式和合作夥伴關係相關（見圖4-4）。合作時間越長、合作關係越緊密，虛擬企業越趨向於向共享產出利益模式演進。一般來說，戰略性合作夥伴採用共享產出模式，核心合作夥伴採用混合報酬模式，外圍鬆散型合作夥伴採用固定報酬模式。

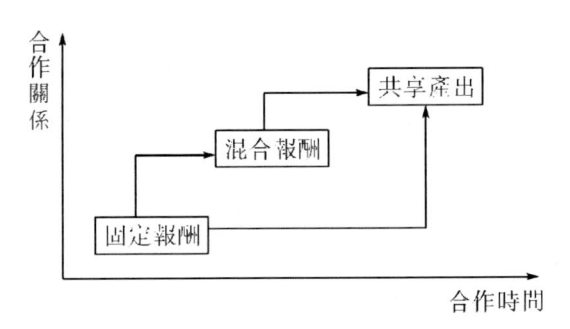

圖 4-4　利益分配模式與合作關係演化圖

資料來源：葉飛，孫東川. 面向全生命週期的虛擬企業組建與運作 [M]. 北京：機械工業出版社，2005：128.

第二，工作努力水準 (X_i) 的確定。工作努力水準是指各方投入到項目中的實際工作時間[①]，計算公式是：$X_i = \lambda_i r t_i$。其中，t_i 為成員的實際工作時間系數；r 為單位實際工作時間價值；λ 為實際工作時間系數。引入 λ 的原因在於觀察到的工作時間不一定等於實際工作時間。當 $\lambda = 1$ 時，表示觀察到的工作時間等於實際工作時間，此時工作完全可以度量；當 $\lambda > 1$ 時，表示觀察到的工作時間大於實際工作時間，其得到的報酬大於實際應得的報酬；當 $\lambda < 1$ 時，其得到的報酬小於實際應得的報酬。λ 的大小取決於勞動工種、外部效用、偏好程度等。虛擬企業只有最大程

---

① 盧紀華，潘德惠. 基於技術開發項目的虛擬企業利益分配機制研究 [J]. 中國管理科學，2003（5）：61.

度上把握 λ，才可以科學、合理地進行利益分配。

第三，努力貢獻程度 (α_i) 的衡量。在相同的環境和工作努力水準下，由於各自的投入能力不同，各成員企業的貢獻大小也存在差異。這可以通過單位時間內預計投入的資本、人力資源、技術、信息、管理的資源價值來衡量。一個成員企業的努力貢獻程度由該企業單位時間內投入的資源價值與同行業投入的單位時間資源價值平均值相比得到。所以，利益分配制度要對各成員企業資本、人力資源、技術、信息、管理進行資料匯總，估算出相應的資源價值，進一步確定各成員企業的努力貢獻程度。

第四，創新性成本系數 (β_i) 的確定。創新性成本系數是各成員企業單位時間的創新性成本占同行業單位時間創新性成本的比重。虛擬企業在技術開發過程中，需要高智力的人力資源和高價值的信息。因此，創新性成本由技術開發期間分攤的人力資源成本和信息成本構成。人力資源的價值主要包括兩大部分。一部分是人力資源成本資本化的價值，由人力資源消耗的價值和人力資源投資資本化的價值組成。其中，人力資源消耗的價值是工資總和，用來補償人力資源消耗的「補償價值」；人力資源投資資本化的價值是通過分攤逐步轉移的「轉移價值」。另一部分是使用人力資源所創造出來的價值，是管理人員的管理貢獻、技術人員的技術貢獻和其他成員的勞動貢獻所創造出來的價值。人力資源的總成本由取得成本、開發成本、使用成本、保障成本、離職成本構成。信息同樣是有價值的，發揮其特有的價值功能，可實現價值增值。但要實現信息的價值增值同樣需要耗費信息成本，包括設計成本、技術性成本、信息員的人力資源成本、設備費、維護費等。在利益分配制度中，要對各成員企業的人力資源總成本和信息成本進行匯總並上報，便於進一步確定創新性成本系數。

4.4.3 成本控制制度

成本控制是企業生產經營管理的中心環節，是企業通過「練內功」提高競爭力的表現。只有加強成本控制、把握成本變化的動態及其規律，才能對成本的演變過程進行有效的計劃與管理，達到以較少的消耗取得較大經營效果的目的。虛擬企業作為動態聯盟，對企業內部和外部資源進行動態配置、優化組合，其中也涉及成本核算問題。虛擬企業的協調委員會或財務委員會有必要建立成本控制制度，對成本進行有效監控，

以便獲取各種資源並獲得最大收益。成本控制制度要明確成本控制的原則、虛擬企業成本的範圍、成本控制的方法等問題。

1. 成本控制的原則

(1) 合理性原則。

合理性原則是成本控制的第一原則，它要求虛擬企業成本的發生都必須是合理的。虛擬企業必須堅持合理性原則，通過有效控制，只允許那些確實為企業生產經營活動所必需的成本產生，對不是企業生產經營活動所必需的成本則限制或禁止產生。

(2) 全面性原則。

全面性原則是對虛擬企業成本實行全過程、全方位、全員性的控制。全過程控制是指對虛擬企業運行的每一個管理環節進行成本控制，而不能只局限於生產過程的成本控制；全方位控制是指虛擬企業對全部的成本都要加以控制，不能只對期間費用、生產成本進行控制；全員性控制是指要依靠虛擬企業中的各成員企業進行控制，而不能單單依靠協調委員會或財務委員會進行控制。只有虛擬企業各成員企業參與到生產經營的每一個管理環節和每一個成本項目中，成本控制才會符合合理性原則。

(3) 分級歸口管理原則。

虛擬企業內各成員企業在參與創造價值的同時，消耗著資源、發生著各種成本費用。按照虛擬企業內部的組織分工，每一個成員企業都有各自的職責權限，相互之間不能逾越但需要溝通、協調。可以把成本的控制按照各成員企業的職責權限進行分級歸口控制。通過分級歸口管理，把成本費用控制的目標層層分解、層層歸口到各成員企業、各項目小組，使成本控制形成一個嚴密的系統，從而提高控制的效果。

2. 成本控制的範圍

規定成本範圍是成本控制的具體內容。對虛擬企業而言，資源整合形式和營運模式的靈活性決定了各成員企業投入要素的多樣性。成員企業的投資額一般分為參與合作所必需的固定投資和參與虛擬企業運行過程的營運投資。各成員企業的投入要素包括資金、製造能力、技術、品牌、人力資源等，各種成本要素的投入隨著業務活動的進行而發生，並以明細的形式反應在各成員企業的相應的成本項目中。在虛擬企業進行資源整合後，各成員企業參與合作的固定成本已經投入完成，因此，虛擬企業成本控制的重點在於營運成本。營運成本在各成員企業內部成本

的基礎上，向上擴展到開發、供應成本，向下延伸到銷售成本，具體內容見圖4-5。

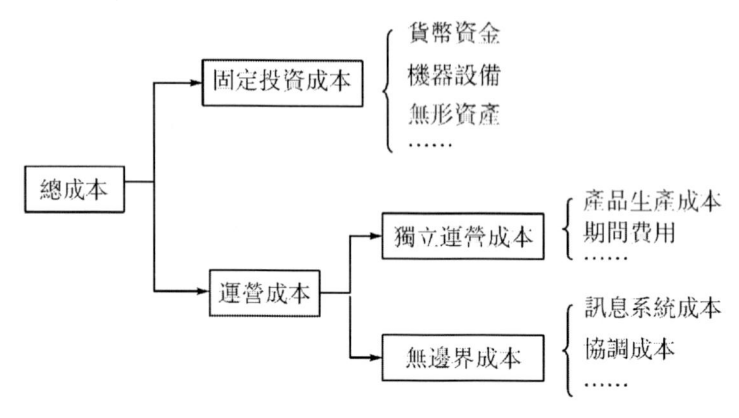

```
                    ┌─ 固定投資成本 ─┤ 貨幣資金
                    │                 │ 機器設備
                    │                 │ 無形資產
                    │                 │ ……
       總成本 ──────┤
                    │                 ┌─ 獨立運營成本 ─┤ 產品生產成本
                    │                 │                  │ 期間費用
                    │                 │                  │ ……
                    └─ 運營成本 ──────┤
                                      │                  ┌ 訊息系統成本
                                      └─ 無邊界成本 ────┤ 協調成本
                                                         │ ……
```

圖4-5　各成員企業總成本構成圖

　　虛擬企業的競爭力來源於各成員企業核心能力的協同，協同過程將跨越公司的有形界限，弱化原有企業的組織結構，這就決定了成員企業成本歸屬的模糊性。如果按照傳統成本核算方法直接歸結成本項目的發生額，勢必會掩蓋成本的真實性。為解決這一問題，可將營運成本分為獨立營運成本和無邊界成本。獨立營運成本是成員企業完成其核心任務所發生的成本，如直接材料、直接人工、製造費用、期間費用等。這種成本易於獨立核算，並與虛擬企業內部其他成員沒有直接的關係。無邊界成本是為了協調成員企業之間的業務活動而發生的成本，如相互溝通的信息系統成本、成員企業之間的協調成本等。這種成本界限模糊，不能簡單地將其發生額並入某個成員企業的成本中，而應該作為成員企業的共同支出進行合理的分攤，然後成員企業再將分攤所得額並入相應的生產成本、期間費用之中。

　　無邊界成本是虛擬企業特有的成本。基於模糊性，無邊界成本的界定又成為一大難題。筆者認為，只有理解各種無邊界成本的內涵，才能夠將相關成本歸集其中，便於進一步的成本控制。

　　其一，信息系統成本。虛擬企業處於網絡環境下，各成員企業之間進行信息交流，會增加各成員企業的信息系統成本。信息系統成本主要包括成員企業內部局域網建設成本和成員企業之間的廣域網通信成本。一般而言，內部局域網建設成本是相對固定的，包括服務器、路由器、

網線的鋪設、硬件的施工費用、相關軟件的購買與安裝等；廣域網通信成本是半變動的，包括每月的固定支出（如寬帶的月租費等），還包括變動支出（如占用網絡時間越長，使用成本就越高）。但是隨著企業信息化程度的加強，無論成員企業是否組建虛擬企業，內部局域網建設成本幾乎都是存在的。所以，這部分費用應計入獨立營運成本。只有成員企業之間的廣域網通信成本才應歸入無邊界成本。

其二，協調成本。虛擬企業是一個龐大的系統，協調機制就像是其中的神經系統，將成員企業聯結起來，這種無形的機制保證著虛擬企業的有序運行。大前研一（1998）認為，在公司進行跨國協作時，成功的關鍵不在於誰掌握控制權，共同的宗旨和溝通才是關鍵所在。大前研一所表達的正是協調在網絡型企業中的作用。而虛擬企業各成員之間的協作往往不是一帆風順的，時常會產生因收益分配引起的衝突、文化差異引起的衝突、信息差異引起的衝突等，要解決這些衝突需要花費巨大的通信成本、信息加密轉換成本、差旅費用、招待費用等。所以，我們把所有用於解決虛擬企業內部衝突的費用歸集為協調成本。虛擬企業的組成不同，其協調成本的構成和比重也不相同。

3. 成本控制的方法

虛擬企業的經營管理需要準確的成本信息。虛擬企業中製造費用較高，如果採用傳統的以直接人工小時或機器小時為分配基礎的成本核算方法，會造成成本的扭曲。同時，在虛擬企業中成本計算的目的是多層面的，從各種資源到作業、作業中心、製造中心、產品等都是成本計算的對象，傳統計算方法難以滿足多層面計算的要求。所以，將作業成本法（Activity-Based Costing，ABC）運用於虛擬企業成本的核算，才是科學的。虛擬企業是由若干個成員企業組成的動態聯盟，通常設計、生產、銷售等環節分別由不同的企業完成。然而，虛擬企業的產品從廣義成本的角度分析，包含設計、生產、銷售等各個環節的費用，每一個步驟和環節都可以看作是一個作業中心。

（1）作業成本法的成本控制程序。

由於虛擬企業具有自己的特性，不能將較完備的製造企業的作業成本法簡單地運用到虛擬企業之中，應將作業成本法的思想應用到虛擬企業的各個層次。具體實施過程如下：

第一，確認作業中心。要進行作業成本控制，必須建立作業成本核

算體系，即首先要確認作業、主要作業、作業中心。在虛擬企業中，要對各個合作夥伴的工藝流程進行分析並確認作業中心。每個作業中心所進行的具體作業活動，體現原材料等資源是如何被消耗的。結合每個作業中心確認的主要成本項目，按可控成本進行規劃，剝離不可控因素。

第二，確認各項作業的成本動因（Cost Drivers）。作業成本法是依據成本動因將費用分配到成本目標。根據成本動因在資源流動中所處的位置，可以將其分為資源成本動因（Resource Driver）、作業動因（Activity Driver）兩類。資源成本動因是將資源成本分配到作業中心的標準，反應作業量與資源耗費間的因果關係；作業動因是將作業中心的成本分配到產品、勞務、顧客等成本目標中的標準，也是溝通資源消耗與最終產出的仲介。具體實施時，不僅需要核心企業負責關鍵作業，還需要協調各合作夥伴確定合理的成本動因。

第三，依據成本動因確定成本。對於間接成本，要先依據資源動因將資源耗費分配到作業中，再依據作業動因將作業成本分配到成本中。直接成本不需要經過「兩次」分配過程，可以將其直接分配到成本目標中。將間接成本和直接成本匯總，即可得到確切的成本。

以上三個步驟應由虛擬企業中的每個合作夥伴具體執行，由核心企業協調實施。

（2）作業成本法的管理控制。

對作業成本法的控制，實際上就是對將虛擬企業視為由客戶需求驅動的作業組合而成的作業集合體進行的控制。在實際中可由財務委員會或協調委員會進行具體成本控制，這樣有三大好處。

一是可以利用作業成本率。作業成本率＝作業中心成本/產品完全成本×100%，該指標反應構成產品完全成本的各作業中心成本占總成本的比例，可為尋找、分析虛擬企業關鍵控制點提供數量依據，便於抓住成本控制的重心。

二是通過實際成本和目標成本的比較來監控成本，通過差異找出運作中的問題，以便今後改正，達到有效管理成本的目的。成本與目標產生偏差有兩種情況：一種情況是核心企業在制定目標成本時，沒有考慮一些不可控因素的發生，而這些不可控因素使得實際成本大於目標成本，在這種情況下，合作夥伴不應該受到懲罰，否則將會嚴重損害合作夥伴的工作積極性；另一種情況是合作夥伴自身的不科學工作方法使得實際

成本大於目標成本，此時，核心企業和合作夥伴需要共同研究解決問題的辦法，減少損失，同時根據合同給予合作夥伴一定的警告或懲罰。

三是通過作業再造，減少不必要的作業環節，將可以合併的作業環節盡可能合併，簡化作業流程及重排作業環節等，以達到降低成本的目的。例如，減少不必要的審核、檢查、控制等非增值作業；合併相近或相同的作業；減少作業過程反覆迭代的次數；等等。

4.4.4 績效評價制度

績效評價是採用特定的指標體系，對照統一的標準，按照一定的程序，通過定量定性對比分析，對企業一定經營期間的經營效益和經營者業績做出客觀、公正和準確的綜合評判。虛擬企業的績效評價有利於核心企業瞭解和掌握各成員企業完成任務的情況，有利於制訂公平、合理的利潤分配方案，有利於更好地激勵成員企業，達到財務監督的目的。虛擬企業的臨時性和動態性使得其績效評價與傳統企業有著本質的區別，故而虛擬企業績效評價不能完全沿用傳統的績效評價辦法。表4-4描述了虛擬企業績效評價和傳統企業績效評價之間的區別。虛擬企業績效評價制度需要明確評價的主體、評價的內容及評價結果的處理等。

表4-4　　　　　　　虛擬企業與傳統企業績效評價的比較

比較內容	傳統企業	虛擬企業
評價目的	揭示財務狀況、經營成果；對企業經營決策、投資決策提出改進建議；建立有效的激勵機制	制訂利潤分配方案的依據；促使成員企業更好地完成任務；對成員企業建立激勵機制
評價對象	企業內部部門或整個企業	成員企業
評價時間	一年或者一個季度	把任務分為若干部分，每部分考核一次
控制特性	強調事後控制	事前、事中和事後控制
表現形式	靜態考核	動態考核
考核執行者	由企業財務部門執行	由來自成員企業的專家組成的協調委員會或財務委員會執行
信息獲取渠道	實地獲取信息	實地或基於網絡方式獲取信息

資料來源：葉飛，徐學軍. 基於虛擬企業的績效協同模糊監控系統設計研究［J］. 當代財經，2001（5）：65. 有刪改。

1. 績效評價的主體

由於組織模式不同，虛擬企業績效評價可分別由財務委員會、協調委員會或盟主企業負責實施。在具體展開績效評價工作時，可在委員會之下成立績效評價小組，專門承擔整個虛擬企業績效評價過程，包括確定績效評價的目的、績效評價指標體系、績效評價的考核時間等內容。

2. 績效評價的具體流程

（1）確定虛擬企業績效評價的目的。

確定績效評價的目的是虛擬企業整個評價過程的第一步。只有明確了績效評價的目的，才能確定績效評價的指標體系。績效評價的目的是進行評價的原因，即回答為什麼要進行評價。虛擬企業績效評價的目的是多方面的，包括制訂利潤分配方案的依據、促使成員企業更好地完成分配任務、掌握各成員企業的內部經營情況及成員企業的成長情況，在一定程度上起到財務監督的作用。

（2）確定虛擬企業績效評價指標體系。

根據虛擬企業績效評價的目的確定績效評價指標體系是第二步。由於虛擬企業績效評價的目的是多方面的，因此，對應的績效評價指標體系也應該反應虛擬企業的各個方面。同時，各成員企業所承擔的任務存有差異，所以考核不同成員企業的指標體系也應有所不同，應根據成員企業所承擔的子任務設立個性化績效評價指標體系。

平衡記分卡（Balanced Score Card，BSC），是由哈佛大學教授羅伯特·卡普蘭（Robert S. Kaplan）與諾朗諾頓研究所（Nolan Norton Institute）的 CEO 大衛·諾頓（David P. Norton）共同研究提出的一種衡量企業戰略管理績效的工具。它從企業發展的戰略出發，將企業及其內部各部門的任務和決策轉化為多樣的、相互聯繫的目標，然後再把目標分解成由財務狀況、顧客、內部經營過程、學習和成長等多項指標組成的四維績效評價系統。平衡記分卡的評價思想與虛擬企業績效評價的多元目標相吻合，故可將其應用於虛擬企業對成員企業的績效評價，即把虛擬企業所要實現的預期目標作為企業的戰略目標，並將任務分解到各成員企業。考慮到各成員企業中只有完成最末端任務的企業才能面對顧客，其他成員企業僅面對供應鏈上下游企業，所以，將平衡記分卡中的「顧客」指標改為「關聯方」指標；同時，虛擬企業具有成員彼此之間合作和信任的特點，所以可將「學習和成長」指標改為體現成員企業合作狀況的

「合作和成長」指標。

雖然各成員企業的績效評價指標不同，但一般來說，要涵蓋4個方面。一是財務指標，用來反應各成員企業完成子任務所產生的效益，是利益分配的重要依據，也是各成員企業最為關心的指標。考慮到虛擬企業在運行之前已經擬訂了利益分配方案，此處的財務指標只用來反應成員企業實際實現的效益與計劃相比較的差額，是虛擬企業最終利益分配時調整契約利益分配方案的重要依據。二是關聯方指標，反應的是各成員企業的上下游企業或者顧客對其生產或服務的滿意程度。三是內部經營指標。各成員企業內部經營狀況的好壞直接影響到虛擬企業的順利運行。通過該指標可以衡量成員企業完成子任務的進度情況、子任務完成的質量情況、對環境變化的適應能力等。四是合作與成長指標，用來反應各成員企業相互合作及其發展情況。具體指標體系見表4-5。

表4-5　　　　　　　　虛擬企業績效評價指標體系

指標類別	指標名稱
財務指標	完成子任務實現的效益
	完成子任務所耗費的成本費用
關聯方指標	關聯方對該成員企業產品的滿意度
	關聯方對該成員企業交貨時間的滿意度
	關聯方對該成員企業服務的滿意度
	關聯方對該成員企業產品質量的滿意度
內部經營指標	成員企業完成所分配子任務的及時率
	成員企業生產產品的合格率
	成員企業完成子任務的風險控制情況
	對環境的適應能力
合作與成長指標	與關聯方進行溝通的積極性
	對關聯方的信任程度
	對虛擬企業的責任心
	對核心企業的支持程度
	產品創新程度
	科技投入比例

（3）選取虛擬企業績效評價方法。

進行績效評價需要獲取評價客體的信息，因為虛擬企業主要通過網絡進行運作，所以，績效評價信息的獲取渠道應以網絡方式為主。但是為了保證獲取信息的真實性，可以對成員企業進行實地抽查。獲取成員企業信息後，就可以依據評價指標進行績效評價了。對於同樣的績效評價信息，由於評價方法的差異，可能會直接影響到評價結果的有效性。目前，績效評價方法可以選擇專家意見法、模糊綜合評價法等多種定量和定性的方法。虛擬企業可以根據自身的具體情況，由績效評價小組確定最終的評價方法。總之，評價方法的選取要取得各成員企業的基本認同，從而避免發生由評價結果引起的內在衝突。

3. 績效評價結果的處理

確定了績效評價的具體程序後，績效評價小組就可以定期或者不定期對成員企業進行績效考核。績效考核的時間應根據虛擬企業完成任務的性質來確定，如果把該任務分成若干子任務，則每完成一個子任務就應進行一次考核；也可以在任務完成後統一進行考核。考核後，虛擬企業需要對評價結果進行處理，及時反饋給各成員企業，協助各成員企業及時找出問題出現的原因，並尋找解決問題的對策。此外，虛擬企業還可以根據評價結果進行事後獎懲，對於評價結果好的成員企業可給予一定的獎勵，如在利益分配中可以增加分配的比例等；對於評價結果較差的成員企業則要分情況處理：若是經營管理問題，虛擬企業可協助成員企業及時改進；若是由於道德風險導致評價業績較差，則需剔除此類成員企業。

4.5 虛擬企業解體期的財務制度安排

一旦市場機遇基本消失或項目完成，各成員企業合作的基礎便已經喪失，虛擬企業就面臨著解體。虛擬企業解體期管理的主要內容有項目中止識別、解體後的事項處理、利益分配等。由於虛擬企業是一種在法律上並不存在的企業，產權方面較為模糊，因而在虛擬企業解體期更容易產生衝突。為了防微杜漸，我們需要在解體期制定相應的財務制度用於規範財務行為，避免出現成員企業之間的糾紛問題。

4.5.1　項目中止識別制度

虛擬企業應根據項目完成的情況來確定何時中止項目，並由此決定虛擬企業解體的適當時機。只有判斷虛擬企業進行的項目已中止，才能進入解體階段並開展相關的財務活動。項目中止識別制度就是要判斷虛擬企業項目中止的識別標志。虛擬企業項目的中止分為正常中止和非正常中止兩類。

1. 正常中止

正常中止是指虛擬企業項目已經完成，市場機遇已經得到充分把握，合作各方都獲得了相應報酬並友好地結束本次合作。例如，對於供應鏈式的虛擬企業，以每次下達訂單為項目開始，供應商每次提供訂單所需產品後，項目便宣告中止。由於供應鏈式的虛擬企業合作關係相對較為固定，中止合作的時間、繼續合作延續的時間較長。對於外包式的虛擬企業，合作中止的識別依據是成員企業完成核心企業交給的任務，因為完成任務並經核心企業驗收合格後，項目立即中止。如果有多個核心企業，為了降低合作風險，可以等待產品銷售完畢或者銷售量達到一定比例後，項目才予以中止，此時銷售比例就是項目中止的識別標志。銷售比例一般會在虛擬企業組建期中予以規定。

2. 非正常中止

非正常中止是指外部環境變動導致市場機遇消失、合作夥伴選擇不當導致子任務無法完成等多種情況，致使虛擬企業沒有達到預期目標而被迫提前中止項目。非正常中止可以發生在虛擬企業的解體前的任何階段。

第一，醞釀期中止識別。該階段主要是對市場機遇進行評價，如果虛擬企業市場機遇前景不好或者風險很大，核心企業就會中止組建虛擬企業。即使核心企業已經花費了一定的資源，也要放棄，否則將會給核心企業造成更大的損失。第二，組建期中止識別。此階段可能出現市場機遇由於環境的變化而中途消失的情況，那麼虛擬企業就失去存在的必要；或者難以找到恰當的合作夥伴，核心企業不得放棄運作虛擬企業的構想。第三，運作期中止識別。此階段虛擬企業已經正常運作，如果市場機遇消失或者合作夥伴不能勝任子任務，那麼運作中止識別的目的就是要研究虛擬企業是否值得進一步運作下去。如果虛擬企業繼續運作失

敗的概率很大，就需要考慮將虛擬企業盡早解體。多種情況可能會導致虛擬企業在運作期中止，所以就需要財務委員會、協調委員會進行判斷，確定中止的識別標志。

4.5.2 清算制度

虛擬企業進入解體期後，最主要的工作是處理各成員企業之間的相關事宜，並進行清算活動。為了保證清算工作的公平、公正、公開，虛擬企業可以聘請第三方清算機構來完成清算活動。在執行過程中，清算機構要制定好清算的截止時間、清算工作計劃、具體的清算條款等。清算機構主要關注以下問題：

1. 虛擬企業的利益分配

所有成員企業加入虛擬企業均是受利益驅動的，所以虛擬企業最終的成果必然要在各成員企業之間合理地分配。清算機構根據虛擬企業事先確定的利益分配方案及成員企業的績效情況，將虛擬企業在運行中獲得的實際收益分配給各成員企業。此外，收益分配還應該包括虛擬企業運作創造的品牌、技術等無形資產的分享和分配[①]。成員企業的相互協作而創造的無形資產，應該計入虛擬企業資產總額進行分配。但由於無形資產具有不可分割性，不能按照一定比例分配給各成員企業，故在清算機構組織利潤分配時，由成員企業競爭獲取。至於無形資產的價值，可以由另外聘請的資產評估公司確定，也可以由清算機構組織人員評估確定。

2. 解體後的事務處理

虛擬企業解體後，除了完成利益分配外，財務委員會（或協調委員會，或盟主企業）還要協助清算委員會處理一些其他事務。例如，剩餘產品的銷售和已售出產品的售後服務。倘若是外包型虛擬企業，產品的銷售及其售後服務就屬於虛擬企業要承擔的任務，這些應完全由核心企業承擔。其他類型的虛擬企業，往往要尋找一個銷售代理來負責剩餘產品的銷售和售後服務等工作，這個銷售代理可以是虛擬企業的某一成員企業。此時，需要清算委員會和銷售代理進行協商談判，再由虛擬企業與其簽訂轉讓協議。

---

① 劉志勇. 敏捷虛擬企業及其管理研究 [D]. 昆明：昆明理工大學，2001.

另外，虛擬企業的解體並不意味著結束，而是成員企業下一次參與或組建另一個虛擬企業的開始。所以，各成員企業之間需要加強聯繫，以備將來再次合作。參加過虛擬企業的成員在下次有機會參與另一個虛擬企業的時候，將會擁有豐富的合作經驗和優勢。因此，在解散時，應與合作愉快的企業建立某種默契，以便將來合作時節約時間和成本。

上文分別針對虛擬企業的不同階段提出了相應的顯性財務制度，但是這些財務制度是聯為一體、不可割裂的。本書只是對相關制度的安排進行了討論，並對制度的選擇提出了一些建議。在實際中，虛擬企業應根據自身的組織模式、產業特點、合作夥伴的特點等具體情況制定出更為詳盡的顯性財務制度。此外，顯性財務制度安排需要一個不斷完善的過程。最初，顯性財務制度安排可視為計劃，企業通過實施並檢查出在實際中存在的問題，最後提出改進意見。每一次 PDCA 循環[1]都可以為虛擬企業顯性財務制度的漏洞提供改進的措施，形成財務制度安排的不斷完善、不斷改進的螺旋式上升過程。

---

[1] PDCA 循環的概念最早由戴明提出，它是全面質量管理所應遵循的科學程序。P 代表 Plan（計劃），是確定方針和目標、確定活動計劃；D 代表 Do（執行），是實現計劃中的內容；C 代表 Check（檢查），是總結執行計劃的結果，找出存在的問題；A 代表 Action（行動），是對總結檢查的結果進行處理，對成功的經驗加以推廣、失敗的教訓加以總結，並將未解決的問題放入下一個 PDCA 循環。

5　虛擬企業隱性財務制度安排

協調和規範虛擬企業財務制度的標準主要有兩個：其一是顯性財務制度；其二是隱性財務制度。兩者的區別在於：前者是「顯性」約束，表現為具體的條文規定，是虛擬企業「必須」的規範；後者是「隱性」約束，表現為價值取向和原則，是虛擬企業「應該」的規範。可見，兩者作用相同，只是表現方式不同、約束強度不同而已。在實際中，只有兩種不同的財務制度相互補充、相得益彰，才能減少虛擬企業的財務衝突、有效地規範虛擬企業的財務行為和財務關係。本章則主要分析虛擬企業隱性財務制度安排。

5.1　隱性財務制度的基礎——財務倫理

倫理是在人類社會發展進程中形成的，已經成為各國文明發展的一部分，所以，倫理必定影響行為。西蒙曾說過：「一切行為都包含著對特殊的行動方案所進行的有意無意地選擇。」[1] 不難發現，人們的價值傾向已滲透到人們行為的各個方面，財務領域亦是如此。由古至今，不論是中國的德、義、禮，還是西方的康德理論[2]，都開啓了德法並重的治理先河，並將倫理理念融入財務實踐。相對於傳統企業而言，因虛擬企業具有其自身的特性，財務倫理在虛擬企業中顯得尤為重要。虛擬企業中，各成員企業為了共同的目標凝聚在一起，如果缺乏倫理道德的規範必將

---

[1]　西蒙. 管理行為 [M]. 北京：北京經濟學院出版社，1988：5.
[2]　康德是18世紀德國哲學家，他強調的是人的尊嚴和自我決定，並認為「善良意志」中體現作為絕對命令的道德準則。

會影響各成員企業相互的協調和溝通，繼而可能選擇「不道德」的財務行為，發生財務舞弊現象，從而影響虛擬企業的整體運行。但如果以正確的理論道德作為指導，那麼理智的行為主體一般都會選擇符合倫理道德的財務行為。所以，倫理道德已經潛移默化地影響到財務行為，並為隱性財務制度的存在提供價值根基和精神支持。

5.1.1 財務倫理概念的界定和理解

關於財務倫理的研究，在國內外學術界寥若晨星。目前，對財務倫理的界定尚無權威的說法。筆者試圖從倫理的基本內涵入手，考察財務和倫理相耦合的層面來界定財務倫理。

倫理，按照許慎《說文解字》的解釋，「倫，從人、輩也，明道也；理，從立，治立也」①。所以，「倫」是區分人的輩分、長幼，以及由此形成的相互之間的規範和秩序；「理」，原意是玉石的紋理，意指事物內在的「紋理」，也就是事物的基本規律。由此可見，倫理包括兩層含義，一是事物之間相互作用的秩序和規範，即為「倫」；二是事物本身內在的規律、規則，即為「理」。二者合一，即為「倫理」，就是事物交互過程中根據各自特徵而形成的一種規範和準則。所以，任何事物或學科的倫理都要基於自身規律去考察相互關係的某些特質。

企業是一個「不平整的游戲廣場」②（Unlevel Playing Field），這個廣場是在各種各樣的社會關係和組織結構中運作，而倫理道德是維繫各種關係和組織結構的必要因素，因此企業活動在其所有層面都與倫理道德相關。但是如何考慮財務——這一微觀管理領域的倫理呢？我們從其本質屬性來分析。從財務角度來看，企業的財務管理作為管理系統的一個子系統，是組織一系列財務活動和處理財務關係的一項價值管理活動。財務管理具有雙重特性，從自然屬性來看，財務管理的目標就是根據「成本—效益」分析，實現「以最小的投入換來最大的產出」。從社會屬性來看，財務管理不僅受到管理方法、管理手段等技術層面的制約，還要受到倫理道德的約束，即企業必須在不損害他人和社會利益的前提下

---

① 轉引自：陳榮耀. 企業倫理：一種價值理念的創新 [M]. 北京：科學出版社，2006：1.
② 現代企業是基於委託-代理關係而形成的，在其內部存有不對稱信息以及其他方面的不平等，所以，這種不均等的先天狀態必然造成企業是一個「不平整的游戲廣場」。

實現企業「綜合經濟利益最大化」。也就是說，倫理是用來反應和調節人們相互之間利益關係的價值觀念和行為規範，一方面，企業做出某項財務行為時，都要自覺地考慮是否符合倫理道德；另一方面，倫理也可看作一種特殊的管理方式，它決定了「企業行為主體受制約的道德參數，規定企業目標行為的倫理界限，成為制定和實施各種管理規則的價值參考」①。為此，筆者認為，財務倫理是企業在財務運行過程中，整合和調節各種財務關係時所表現出的倫理理念和倫理特徵。它既是財務主體把握財務活動運行的規則，也是協調各種財務關係之間的義與利、利己與利他、權利與義務的行為規範。

具體來講，財務倫理表現為財務倫理化和倫理財務化兩個方面。從財務倫理化來看，企業開展財務活動、處理財務關係都必須符合倫理道德，即從財務的本質表現中引出道德規範和倫理理念，並把倫理道德作為一個尺度和標準，對企業的財務行為做出倫理評判。財務倫理化實質上是在財務原有技術層面的基礎上，增添了人文色彩，換句話說就是，財務在基本價值管理之上鑄造了一條倫理底線，形成了「技術+道德」的雙重行為準繩。從倫理財務化來看，它是將相關的倫理原則和道德要求應用於財務領域。一是，財務活動中遵循的倫理道德是為了協調各利益相關者之間的關係，為企業財務運行打造一個和諧、穩定的合作環境；二是，在一定程度上，倫理的選擇也是一種經濟行為，企業之所以遵循倫理道德就是為了減少在財務運行中的風險性和無序性，降低企業各利益相關者之間的摩擦成本，進而提高企業的財務效率。所以，倫理財務化實質上是企業將「以德理財」作為基準，實現經濟效益和社會效益的動態均衡。

5.1.2 財務倫理內容的架構和解說

財務倫理是企業在其財務活動中涉及財務關係時，所必須遵循的行為準則和道德規範，是企業財務的道德體現，它包含諸多內容。究其根源，財務活動是形成財務的行為表現，也是研究財務倫理的本質內容。基於此，可以按照不同的財務活動將財務倫理劃分為融資倫理、投資倫理和分配倫理。

---

① 王素蓮，柯大鋼．關於財務倫理範式的探討［J］．財政研究，2006（5）：11．

1. 融資倫理

融資倫理是企業在籌措資金時，在處理受資與授資關係中所形成的自律性的行為準則。企業在融資過程中，要具有合理性的融資理念。企業財務活動的第一個環節就是籌措資金，無論企業採用何種方式取得所需資金，都是要付出成本的。從經濟理性上講，企業追求資本成本最小化無可非議，但是這種體現經濟理性的行為，就應該審視其道德規範的合理性。如果企業是通過科學的融資組合或者稅收籌劃等方法實現的資本成本最小化，就是合理的；如果利用資本市場的不規範惡意「圈錢」、虛構財務信息等途徑追求企業資本成本最小化，則是缺乏倫理基礎的融資行為。所以，企業在融通資金時要遵循科學、合理的規則。

此外，融資活動還要具有合規性，即融資過程要符合有關規定，並要保護授資者的利益，營造一個誠實守信的倫理環境。授資者讓渡資金使用權給企業後，就喪失了對資金的控制權。企業獲得資金的使用權後就可以為了自身利益而損害授資者的利益，如，改換資金用途去投資高風險的項目，未徵得債權人同意便發行新債導致負債率升高增加公司破產風險，在高負債的情況下發行大量的現金股利，等等。為了保護授資者的利益，除了在契約中增加限制性條款外，還要使受資者遵循誠實守信的倫理規範。只有這樣做，才能讓企業體會到融資倫理作為不明確契約在資本市場中能實現真正的經濟功能。如果籌資者的信用度比較高，及時按原先約定歸還資金，那麼授資者就可以給企業優先貸款、優惠貸款等特殊待遇，使得企業省去以後融資活動的尋租費用和潛在搜尋成本。這體現的正是「信用就是金錢」的倫理準則。

2. 投資倫理

投資倫理立足於社會倫理道德，旨在推進社會和諧發展的投資活動與行為。投資倫理的基本意圖在於增進社會效益，力圖把社會效益與經濟效益有機地結合起來，使經濟運作產生正的外部性。同時，投資倫理的興起，使投資者不再單純追求投資的高回報而唯利是圖，而更多地考慮投資的社會責任，使其投資符合個人良知與社會公德的需要，實現投資的可持續回報。所以，企業在選擇投資項目並付諸實施時，要追求利己與利他的和諧發展，並保證經濟效益和社會效益的雙重實現。

第一，投資行為在利己與利他之間尋求平衡。企業在投資之前，會針對所選項目按照「利己」原則進行「成本-收益」分析。如果項目對

企業有利,則選擇投資;如果無利,則選擇放棄。可以說,企業就形成了一個投資行為的數量邊界,即邊際收入等於邊際成本。正是基於這個界限,企業在投資活動中,出現了隨意改變募集資金投向等濫用資金現象。所以,企業投資行為的邊界並不是總能用數量標準來確定的,從倫理的角度出發,需要給企業增加一條倫理邊界,即投資行為不得損害他人的利益。這裡的「他人」不僅指與投資主體處於同一空間的他人,也指與投資主體處於不同時空的他人。企業投資的目的是尋求自身經濟利益最大化,但這並不是唯一的目的,在投資一些稀缺性資源時,企業還要考慮人類代際的可持續發展問題。可見,財務倫理要求企業的投資行為要在利己不損人的前提下追求投資的最優化。

第二,投資效率受制於經濟與社會雙重價值尺度。投資是財務活動的一個重要內容,通過投資效率來體現投資效果的好壞。按照一般的理解,效率就是投入產出之比。投入越少,產出越多,效率就越高;反之亦然。企業融於社會這個網絡結構之中,兩者必然存在相互依賴的關係,即社會服務於企業、企業服務於社會。所以,企業投資行為除了具有經濟價值外,還要具有社會價值,也就是說,企業實現經濟和社會雙重價值目標的行為才是有效率的。如果企業僅考慮單個方面,就是不經濟或不道德的,更談不上投資效率。因此,企業的投資行為要求在社會聲譽最優的背景下實現投資效率的帕累托最優。

3. 分配倫理

利益分配是一項經濟行為,在分配過程中,要遵循「公平」和「正義」的原則。但如何實現分配的「公平」與「正義」問題,絕非是一個能夠用抽象或單一的經濟學原理可以解決的問題。有經濟學家指出,「公平並不是經濟學概念,它從來都是含有倫理學的意義。公平或者是指收入分配的公平,或者是指財產分配的公平,或者是指獲取收入與累積財產機會的公平,它們全都涉及價值判斷問題」[1]。所以,分配倫理是指「人們在從事產品分配和收入分配過程中的行為準則,以及作為分配行為的準則基礎的價值標準和道德規範」[2],並將「公平」和「正義」作為分配的倫理原則,要兼顧分配過程和結果的公正,實現財務效率性和財務

---

[1] 厲以寧. 經濟學的倫理問題 [M]. 北京:生活・讀書・新知三聯書店, 1995: 4.
[2] 楊建文. 分配倫理 [M]. 鄭州:河南人民出版社, 2002: 11.

公平性的統一。

一方面，企業的經濟活動以追求效率為目標，按照「效率優先」的原則進行分配，才充分體現了分配過程的公正，使經濟資源處於最優的配置狀態，實現企業財富和社會財富的提高。但是，一味強調效率就會使得分配結果喪失普遍的倫理價值——公平，造成整個經濟活動的不和諧。同時，以勞動的「值」進行利潤及收益分配是評價分配公正的客觀標準[①]。這個「值」可以是一般勞動、資本的投入數量、無形資產的投入，等等。另一方面，從理論上講，按勞分配、按資分配都是相對合理、公平的制度安排，這種分配能夠反應企業績效層面的分配機理，調動各方的積極性，也體現了分配過程的公正。但在實際操作中，由於勞動、資本、知識等無形資產對企業的貢獻程度很難精確地加以區分，導致這種依賴公正的分配過程也會出現分配結果的負面效應。基於以上兩個方面，企業在重視效率的前提下，要「兼顧公平」，體現分配結果的公正，需要用倫理規範作適度調整或修正。企業可以通過制訂對弱勢群體有利的分配方案，或對初始的分配結果進行補充性的規定。通過調整，協調人們之間的利益關係，達到效率和公平的雙重標準。

5.1.3 虛擬企業財務倫理的培育和完善

財務倫理是財務的經濟理性和道德理性相結合的產物，是企業財務活動遵守的隱性規範。財務倫理的培育和完善有助於促進企業理財的經濟性和社會性的有效融合，從根源上遏止財務敗德行為的發生。而虛擬企業是若干企業的集合體，它比傳統企業更加強調財務倫理的作用，並突顯出自身的特色。虛擬企業財務倫理除了涵蓋一般企業財務倫理的內容外，更強調各成員企業之間的財務倫理的協調。因為各成員企業可能來自不同的環境，其文化背景、社會背景不同，有時甚至相互抵觸，這就要求虛擬企業的財務倫理要具有兼容性。因此，虛擬企業財務倫理建設比傳統企業顯得更為繁雜。

1. 提升財務倫理思辨能力

人們的選擇中既有積極的價值也有消極的價值，但這些價值都會無形滲透於人們的行為之中，使人們做出的選擇傾向於某些方面。人們對

---

① 王素蓮，柯大鋼. 關於財務倫理範式的探討 [J]. 財政研究，2006（5）：11.

行為的選擇過程就是倫理思辨的過程，是選擇倫理原則的過程。提升財務倫理的思辨能力，要考察倫理思辨與行為選擇之間的關係。一般而言，「選擇高尚的動機，一般就會導致高尚的行為；反之，就會導致不良甚至邪惡的行為」[①]，可以看出倫理思辨的過程（即道德推理的水準）和行為之間存在正向關係。所以，培育和完善財務倫理首先要提高財務倫理思辨能力，以使其能夠更合理地把握自己的行為。

在虛擬企業中更加強調倫理思辨能力，是因為虛擬企業涵蓋的眾成員企業存在多種原則，這些原則不可能共生。如果原則共生並形成一個多元判斷的價值系統，那麼就會導致整個虛擬企業財務行為的混亂。所以，我們需要運用某些倫理原則最終決定虛擬企業的財務行為。在原則的推理過程中，我們應根據環境和發生作用的領域，通過建立倫理思辨框架進行甄別。

拉爾夫·波特博士設計了「波特圖式」來進行道德推理，它將道德分析的定義、價值、原則和忠誠四個方面納入其中（見圖 5-1）。波特的道德推理圖式正是將行為主體所面臨的倫理衝突以清晰直觀的圖式展示出來，便於行為者進行倫理道德選擇並做出恰當的行動決定。在應用中，「波特圖式」不是一組隨意放在一起彼此孤立的問題，而是各個部分相互聯繫的有機整體，因此，應該從表面的第一印象轉向其他方面解釋同一事物。

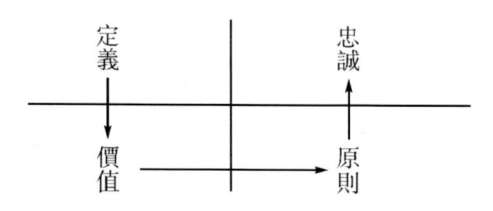

圖 5-1　波特道德推理圖式

將「波特圖式」用於財務倫理思辨時，定義是對具體情景的描述，在此代表財務管理中的控制事件，如籌資、投資、利益分配等具體決策活動；價值即財務方面的價值觀，如虛擬企業的財務目標是實現財務成果最大和財務狀況最優，籌資的目的是資本成本最小化等；原則則是適用的倫理原則，它用來幫助人們進行行為選擇；忠誠是財務服務的對象，

---

① 勞秦漢. 會計倫理學概論 [M]. 成都：西南財經大學出版社，2005：362.

對虛擬企業而言，財務服務的對象則是各成員企業共同組成的集合體。其中忠誠是最為重要的，也是最費精力的一步。衝突往往發生在對忠心的權衡之上，這是由於各個方面對忠誠度的要求事實上不一樣而且相互間可能會有衝突，這就給虛擬企業的財務留有可以操作的空間，隨之而來則是一系列的倫理道德問題。所以，要培育虛擬企業的財務倫理，必先培育各成員企業對虛擬企業的忠誠度，各企業必須以虛擬企業的利益為中心，這樣才能耦合各種不同的價值判斷，促進樹立正確的道德觀念，避免出現財務倫理衝突。

2. 建立財務倫理的監督體系

財務倫理建設除了培養和提高倫理思辨能力外，還需要建立財務倫理的監督體系。它是用倫理原則來觀察、描述和記錄財務行為主體的行為，為判斷某一財務行為是否符合倫理提供客觀的依據。

（1）設立財務倫理委員會。

企業對員工如果沒有任何約束，那麼員工就不會有責任意識[1]。所以，我們可以在虛擬企業財務委員會或協調委員會之下設立財務倫理委員會，將倫理道德這種「軟」約束向「硬」約束轉變，企業倫理態度從消極、被動向積極、主動轉變。財務倫理委員會致力於企業倫理規則、倫理執行等方面的工作，不斷推動企業倫理計劃、聲譽管理，引導虛擬企業關注「我們的財務目標是什麼？」「財務行為的準則是什麼？」「社會責任是什麼？」等倫理問題。虛擬企業通過設立財務倫理委員會，將倫理道德問題置於公司管理之中，逐步形成企業管理倫理化的發展態勢。

（2）建立財務倫理評價體系。

道德是從內在價值上自然地規範人的關係的原則，它更多依賴人的自律發揮作用。人們雖然具有道德好壞的評判標準，但是人性的複雜化決定了很難用簡單而易操作的量化指標去衡量。即便如此，我們也不能否定道德量化的作用，因為對財務道德的培養僅限於自律、教育是遠遠不夠的，還必須通過可行的道德量化標準來加以衡量以形成某種意義上的「硬」約束，從而約束財務行為的選擇。目前，西方國家已推出了多米諾400社會指數（DSI）、道指可持續板塊指數（DJSGI）、Calvert社會

---

[1] 科爾貝格. 道德發展心理學：道德階段的本質與確證 [M]. 郭本禹, 等譯. 上海：華東師範大學出版社, 2004：161.

指數、FTSE4GOOD等道德指數，這些道德指數以金融數據的具體化標準反應投資者對上市公司道德選擇的支持力度。筆者借鑑這個思路，試圖建立一個制度化、規範化的財務倫理評價體系（見表5-1）。

表 5-1　　　　　　　虛擬企業財務倫理評價指標體系

一級指標	二級指標	三級指標
財務倫理環境評價指標	行業環境指標	虛擬企業自律監管狀況
	溝通環境指標	虛擬企業與社會的溝通程度
		各成員企業的相互溝通程度
		誠信信息披露程度
	法規環境指標	各成員企業誠信監管是否健全
		員工對法規的認知程度
財務倫理制度評價指標	財務倫理制度的制定	各成員企業誠信檔案的建立
	財務倫理制度的實施	倫理委員會的管理度
		倫理實施程度的規範性
財務倫理文化評價指標	財務委員會價值觀	財務委員會的倫理意識
		財務委員會對成員企業倫理教育情況
	財務人員的價值觀	財務人員價值觀念的教育狀況
		財務人員價值觀的認同程度

虛擬企業的財務委員會（或協調委員會，或盟主企業）組織有關專家對虛擬企業的財務倫理進行評判。通過推行道德量化考核，使得原本複雜、抽象的道德倫理變得具有一定操作性，從而為虛擬企業財務管理提供合理的依據。但是，道德量化可能使道德教育達不到道德教育和促進道德規範的內在化的目的，反而可能會把道德建設與功利動機聯繫起來，從而誘發道德虛偽和道德雙重人格[1]。所以，建立財務倫理評價體系僅是一種監督手段，虛擬企業還需要將道德規範內在化，用教育的手段構築虛擬企業的道德人格。只有同時運用這兩種手段，實現自律和他律相結合，才能鑄造出完美的財務倫理監督體系。

（3）公司治理融入倫理緯度。

公司治理的背景之一就是企業存在道德無序的現象，道德無序使得

---

[1] 朱元午，等. 財務控制 [M]. 上海：復旦大學出版社，2007：314.

企業無法節省本來基於道德自律可以節約的成本，所以，要想搞好公司治理必須要解決公司道德問題。可以說，財務倫理的培育有助於解決公司道德問題，進而有利於完善公司治理。反之，公司治理的逐步完善，公司道德也會隨之提升，必然為財務人員創造一個良好的財務環境，財務倫理問題也會相應減少。基於這個思路，可以在公司治理中增加倫理緯度，將企業決策倫理化。虛擬企業在投資決策或其他決策分析時，要考慮決策行為的倫理道德因素。財務委員會可以在決策過程中撰寫道德報告，反應財務行為的倫理思辨過程。道德報告既可以監督虛擬企業是否按照倫理思維決策，又可以幫助行為主體做出符合倫理道德的財務行為。道德報告是一種自我監督方式，它通過虛擬企業自身反省、對照其財務行為，形成比較穩定的財務倫理。這種「慣性」，有助於培養虛擬企業的內在道德規範，為虛擬企業的協調發展提供道德保障。

5.2　基於跨文化管理的制度安排

　　財務倫理是各種道德規範在財務領域的思想體現，是隱性財務制度安排的基礎典範。而虛擬企業不同於傳統企業，是跨文化的管理，它會對其隱性財務制度安排產生影響。在管理中，傳統企業是通過較長時間的創造、累積形成文化，並對企業產生穩定的影響；虛擬企業是以網絡技術為依託，跨越空間的界限，在全球範圍內精選出合作夥伴，保證合作各方實現資源共享、優勢互補和有效合作。虛擬企業中的成員企業多來自不同的文化背景，這就需要管理文化的交流、融合。文化可以提升企業的綜合實力，而財務文化是文化在財務領域的表現方面。通過隱性財務制度可以促使財務文化發揮積極作用，從而實現制度安排的預期效果。

5.2.1　虛擬企業的跨文化管理

　　美國管理學家弗蘭西斯曾說過：「你能用錢買到一個人的時間，你能用錢買到勞動，但你不能用錢買到一個人對事業的奉獻。而所有這一切，

都可以通過企業文化而取得的。」① 由此可見，現代管理要使人性得到最完美的展現，必須充分發掘企業內在的文化含量。而任何一種文化形態的生成都與其民族的、歷史的發展相聯繫。企業文化作為民族文化的有機組成部分，它的形成與發展必然根植於民族傳統文化。民族文化是企業文化的源頭，而企業文化是從屬於民族文化並由民族文化決定的。為了獲得競爭優勢，虛擬企業往往在全球範圍內選擇合作夥伴，勢必會涉及不同國家的、民族的傳統文化與現代思潮，處於「文化邊際域」的交匯地帶，這使虛擬企業面臨著由於文化差異帶來的障礙。因此，就其組織形式上看，虛擬企業無法實施單一的文化管理，而必須實行跨文化的協調管理。

1. 虛擬企業的文化差異

虛擬企業是企業在開發、生產、銷售過程中，通過網絡在世界範圍內形成由具有不同核心競爭優勢的企業組成的臨時性組織。為了延伸這個有生命力的組織，以便更好地適應外部環境，並保留自身形象，這個組織便使用各民族不同文化的勞動力，因而，該組織面臨著內外文化差異的較量②。虛擬企業的文化差異集中表現在三個方面。

第一，法律制度和商業習慣的差異。虛擬企業的成員可能來自不同的國家，這將使虛擬企業首先面臨不同法律制度的影響。各成員企業受到所在地國家法律制度的制約，不同的成員企業受到不同的法律制度的影響，如英美等國慣用習慣法、歐洲多數國家通行羅馬法，這必然使虛擬企業的經營活動受到不同法律制度的牽制。同時，商業習慣也作為一個地區或國家文化的一部分，是長期形成並為眾人所接受和遵守的從事商務活動的準則。儘管商業習慣不像法律制度具有強制性，但也會影響虛擬企業的經營。例如，加拿大的企業都極力維護自身的信譽，並對產品質量要求甚高；日本企業則十分重視面對面的接觸，商業夥伴的登門拜訪比信件接觸更為有效。

第二，管理文化不同。來自不同地區、不同國家的成員企業，由於相對獨立，都具有其獨立的企業文化，在價值觀、管理風格等方面存在

---

① 弗蘭西斯. 歷史的總結 [M]. 北京：北京大學出版社，1996：105.
② 戈泰，克薩代爾. 跨文化管理 [M]. 陳淑仁，周曉幸，譯. 北京：商務印書館，2005：49.

不同的認識。這使得虛擬企業在如何與同事、上下級相處，如何定位管理的目標、原則等諸多方面都存有差異。比如，雅克·奧洛維茨（Jacques Horovitz）在一項法、德、英的比較研究中指出，英國有90%的企業制定企業計劃手冊，德國為50%，而法國則為0[①]。在溝通方面，英國人的交流方式是含蓄的、歸納式的，工作組織方式呈單一制；法國人的交流方式是對稱的、明示的、演繹式的，工作組織方式呈多樣制。

第三，服務對象的文化氛圍不同。不同的地區和國家具有不同的文化，不同文化氛圍中消費者具有不同的消費需求。它可能表現為商品的不同款式、顏色，也可能表現為不同消費方式。只有迎合不同消費者的消費需求，才能保證虛擬企業繁榮發展。譬如，1892年，約翰·潘巴頓在美國創建了可口可樂公司（Coca-cola Company），使得可口可樂一直被認為是美國文化的象徵。可口可樂公司在向世界各地擴張的過程中，注重把握各地的消費趨勢，把公司產品和當地文化結合在一起。在中國，可口可樂公司配合春節促銷活動分別推出了小阿福、小阿嬌拜年的「春聯篇」「剪紙篇」「滑雪篇」「金雞舞新春」一系列品牌廣告，同時，還推出了十二生肖可樂罐、密語瓶系列等。這些具有強烈中國色彩的廣告、包裝把可口可樂與中國傳統的民俗文化及元素相結合，滿足了中國消費者的情感需要。

2. 文化差異對虛擬企業管理的影響

文化差異的出現給虛擬企業管理帶來了重大影響，只有掌握管理的變革趨勢，才能更好地進行跨文化管理。文化差異對虛擬企業管理的障礙主要表現在：一是文化差異使虛擬企業的管理活動更為複雜。由於文化差異，虛擬企業各成員企業有著不同的價值觀和信念，由此決定了他們有著不同的需要和期望，並會付出具體的行為表現。但成員企業是為了共同的目標而集合在一起，虛擬企業會最大可能地滿足他們的需要和期望，為此，這就要求虛擬企業的管理活動能夠針對不同文化的特點進行溝通、激勵、控制、領導，使得管理活動變得更加複雜，甚至會導致管理中出現相互衝突。二是文化差異使虛擬企業的決策活動更為困難。虛擬企業在具體決策時，常常會因為文化差異而導致溝通和交流中的失

---

① 戈泰，克薩代爾. 跨文化管理［M］. 陳淑仁，周曉幸，譯. 北京：商務印書館，2005：53.

誤和誤解。同時，各成員企業有著不同的工作動機、需要，這就使虛擬企業更難以達成一致的、能為大家所接受的協議和決策，從而增加了決策活動的難度。三是文化差異使虛擬企業的實施更為艱難。虛擬企業需要成員企業為了共同的目標，有步驟、有計劃、有安排的進行具體實施。但對於決策方案，不同文化可能會有不同的理解，導致工作表現「不合拍」。可見，虛擬企業加大了其決策實施和統一行動的難度。

此外，文化差異也給虛擬企業在開發產品、開拓市場等方面帶來諸多優勢。首先，文化差異使虛擬企業更易於從一個問題的多個方面進行分析，從而把握問題更為深刻、全面，這是單一文化下的企業難以獲得的優勢。同時，各種文化下的觀點相互碰撞，更易產生新觀點、新思想，便於企業創新。其次，文化差異造就了不同的管理方式，這不僅增加了虛擬企業管理的彈性，也增加瞭解決問題的技巧，使虛擬企業的管理活動更為高效。最後，文化差異可以使虛擬企業的產品更為多樣化，可以滿足不同文化背景下的顧客需求，為虛擬企業的國際化發展奠定基礎。

所以，對於虛擬企業來說，關鍵就在於如何跨越文化差異的障礙，在多種文化的結合點上，尋求和創立一種雙方都能認同和接納的、能發揮文化優勢的管理方式。由此，一種嶄新的管理方式——跨文化管理應運而成。跨文化管理（Managing Across Cultures）是指涉及不同文化背景的人、物、事的管理。在管理過程中，虛擬企業就需要從文化差異對虛擬企業管理的影響入手，實施有的放矢；並在觀念上，改變傳統的單一文化管理的觀念，把管理核心轉向多元文化的相互協調之上。只有充分發揮多元文化和文化差異所具有的潛能和優勢，創造協同管理的環境，才能使虛擬企業克服文化障礙，保持生機和活力，提高經營效率和競爭能力。

5.2.2　虛擬企業的財務文化

文化是一個寬泛的概念，由於認識角度不同，形成了多種觀點。路德維格·維特根斯坦（Ludwig Wittgenstein）提出，「看一個詞的定義就是看人們怎麼用它」。從新制度經濟學的觀點看，我們將文化縮小至習俗的範圍，討論就有展開的可能[1]。制度學派的學者認為制度不僅包含正式規

---

[1] 李麗，寧凌．企業發展的核心要素：文化資本 [M]．北京：中國經濟出版社，2006：23.

則、程序和準則,還涵蓋了引導人類行為的非正式規則。這樣的界定打破了制度與文化在概念上的隔閡,使得文化更加具體化。也就是說,制度經濟學中的「制度」一詞概括了社會學與人類學中的「制度」和「文化」。文化則相當於新制度經濟學中「非正式約束」的一部分內容。從制度的角度來定義文化,認為文化是「一代人通過教育或示範傳授給下一代人知識、價值或其他影響人們行為的因素的過程」(R. Boyd & P. Richerson, 1985)。文化已作為通過教育和模仿而傳承下來的行為習慣,對各種制度安排產生影響。

虛擬企業是一個「衝突綜合體」(Conflict Synthesis),其文化是由群體中各成員企業的「共享」智慧共同構成的群體文化,因此,虛擬企業的文化與傳統企業的文化迥然不同。傳統企業文化僅是單一企業的文化因素,而虛擬企業的文化則是由各成員企業的文化整合而成的一種大同文化,這種文化突顯了迎合虛擬企業運作特徵的核心精神層面的東西,它是以適合虛擬運作的行為規範為保障,創造出的一種具有廣泛適應性的新型企業文化。這種企業文化的核心和靈魂就是整體價值觀念,即是將各成員企業的價值觀念整合、積澱、結晶而形成的大家認同的一系列價值觀念。將文化應用於財務領域就形成了財務文化。財務文化是文化在財務領域的滲透和體現,具體而言就是企業財務宗旨、財務觀念及財務行為準則的綜合。虛擬企業的財務文化主要體現在四個方面。

1. 理財觀念

理財觀念是企業理財的價值觀,在企業理財中必須具有節約觀念、效率觀念、時間觀念、風險觀念等一般性財務理念,需要各成員企業共同信仰、共同遵守。特別是在虛擬企業的經營思想中,要加強對財務功能和財務重要性的認識。這些認識直接影響虛擬企業財務決策的謹慎度、財權授權層次和內容、財務組織架構、顯性財務制度安排等。虛擬企業需要把理財觀念滲透於處理各項財務活動之中,久而久之,就會形成虛擬企業良好的財務習慣,為虛擬企業的有效運行提供財務支持。

2. 職業道德觀念

虛擬企業是若干契約的集合,核心企業和其他合作夥伴之間存在委託代理關係。受託方應有良好的信用觀,忠誠守信,積極配合核心企業,按照事前約定恪盡職守並按時完成既定任務。委託方要充分信任受託方,適當授權放權,並對受託方進行監督。此外,協調委員會作為虛擬企業

內部權威結構的最高層，要具有良好的職業道德觀念，充分認識賦予自身的權力內容、行使權力的途徑和程序，形成良好的職業操守和正確的責任觀，促進虛擬企業內部受託方向委託方負責的企業文化氛圍。

3. 風險意識

虛擬企業是因市場機遇而組建的，但市場機遇變幻莫測，深受市場競爭、產品市場等多種因素的影響，具有不確定性。同時，虛擬企業運作的成敗和各成員企業密切相關，如果其中任何一方出現差錯，都可能致使虛擬企業在市場中失利。所以，在激烈的競爭中，虛擬企業應意識到自身所面對的市場競爭壓力，認識到虛擬企業從組建到運行，風險無處不在，這將有利於企業形成職業風險意識，謹慎進行各種財務行為。

4. 財務人員的素質

財務人員作為日常財務操作事項和財務決策的具體執行者，他們的財務知識、業務能力、財務工作的職業道德等財務素質直接決定了財務人員對顯性財務制度的理解和執行情況，進而影響虛擬企業財務工作質量。特別是虛擬企業財務人員要具備「文化判斷力」。因為虛擬企業中各成員企業存在多種文化背景，文化差異可能導致各成員企業對財務工作理解不同。例如，在財務計劃方面，英國的計劃程序是自下而上的，計劃程度很完善，包括長期計劃；法國長期計劃不夠完善；德國則將計劃視為每個人的事情，非常重視中期計劃。如果虛擬企業為了安排今後的財務工作，讓各成員企業出具財務計劃時，就會出現財務計劃報告描述時間狀況的不統一。為此，虛擬企業需要事先判斷文化對財務工作的影響，可以通過事前統一規定財務計劃報告的格式來加以規避。總之，在財務工作中要做到事前規範、事中溝通、事後調節，不斷提高財務人員的「文化判斷力」，從而最大限度地降低文化差異給財務工作帶來的不便。

5.2.3 跨文化管理下的財務制度安排

柯沃克（Kovach Carol）教授歸納了跨文化管理與企業效益的關係[①]，

[①] KOVACH C. Based on observation of 800 second-year MBAs in field study teams at UCLA, 1977-1980. Original model based on Kovach's paper, some notes for observing group process in small task-oriented groups, Graduate School of Management, University of California at Los Angeles, 1976.

他認為如果跨文化管理得當，會給企業帶來好的效益；反之亦然。也就是說，跨文化群體要比單一文化群體更具有動態性和影響力。我們只有把握財務文化的內涵，才能在動態的環境中構建符合跨文化環境的隱性財務制度，提升文化價值，發揮財務「非正式約束」的效力。筆者認為，基於跨文化管理，虛擬企業財務制度安排主要體現在以下方面。

1. 創造彼此信任的財務文化環境

「跨文化」是設計虛擬企業財務制度的特定語境，財務制度只有符合特定語境的管理要求，才能更好地實現財務的協調管理。就構建財務制度而言，虛擬企業首先需要創造一個與跨文化管理相匹配的財務文化環境。

(1) 建立學習型組織。

在新經濟時代，企業已不再只是追求利潤最大化的經濟組織，更重要的是應被看作更符合創新的「學習型」組織。學習型組織（Learning Organizations）是由美國管理學家彼得·聖吉（Peter M. Senge）提出的，他認為「系統思維和創造性思維根源於知識及知識的靈活運用和潛能及智慧的開發」[1]，可見，學習對組織的持續發展至關重要。彼得·聖吉認為建立學習型組織的關鍵是要企業匯集「五項修煉」，這「五項修煉」即在組織中建立共同願景（Building Shared Vision）、自我超越（Personal Mastery）、團隊學習（Team Learning）、改善心智模式（Improve Mental Models）和系統思考（System Thinking），使組織形成「學習—持續改進—建立持續性競爭優勢」的良性循環。

虛擬企業是知識經濟時代的產物，它所固有的創新性、擴散性必將使其成為學習型組織的最佳實踐者。在實際操作中，必須針對虛擬企業學習的特點，建立虛擬企業範圍內的學習型組織，並相應映射到財務文化環境的培育之中。

第一，虛擬企業各成員企業必須相互信任。彼此之間相互信任對於學習型組織的虛擬企業至關重要。各成員企業都期望能從參與虛擬企業的過程中學到新的知識，但是很多這樣的精髓都蘊藏在公司實踐和文化當中，很難用簡單的語句加以描述。只有在一種沒有溝通障礙的環境中，各成員企業才能提升知識構成。特別是虛擬企業更為強調「E化學習」

---

[1] 聖吉. 第五項修煉 [M]. 北京：生活·讀書·新知三聯書店，1994.

（E-learning），即電子化學習或網絡化學習。通過信息網絡，虛擬企業各成員企業可以相互交流，及時解決遇到的財務障礙，並學習到各方的財務技巧、理財規劃方案，從而不斷突破組織成長的極限，以保持持續發展的態勢。

第二，鼓勵員工服務於虛擬企業。各成員企業的員工即使忠於本企業的建設，也可能缺乏為虛擬企業貢獻的精神，這就不利於虛擬企業的整體協調。虛擬企業的長遠發展，需要各方員工的共同主動、真誠的奉獻。所以，構建虛擬企業範疇的學習型組織，需要鼓勵員工服務於虛擬企業，樹立為虛擬企業奉獻的全局思想。在這樣的氛圍之中，才可能培育出服務於虛擬企業的財務文化環境，保證虛擬企業價值鏈的順利運行。

第三，確立虛擬企業的共同願景。共同願景是一個組織中各個成員發自內心的共同目標。一般而言，各成員企業都有自身的遠景規劃，這個遠景規劃與成員企業自身的戰略相一致。然而，虛擬企業是有一個共同目標的，它勢必要求各成員企業完成虛擬企業賦予的使命、具體的目標、完成任務的時間表等。所以，各成員企業的遠景規劃必須服從於虛擬企業整體的共同願景，這就需要遵循引導學習的原則，培養各成員企業主動奉獻和投入的意識與行為。而不能由虛擬企業制定一本行動手冊，強制性地要求各成員企業遵守。在共同願景之中，必然涉及虛擬企業的財務規劃，各成員企業必須依據具體的目標，相應地制訂本企業的財務計劃，養成整體思考的財務習慣。

第四，提高跨文化的理解力。虛擬企業中，無論是管理者還是一般員工，都需要不斷檢視自身在某種文化環境下形成特定的心智模式，而且要用跨文化的視角去理解對方的言談舉止、價值觀等文化觀念。虛擬企業需要培育能夠接納不同文化背景的心智模式，只有這樣的組織才能夠具有「創造性的張力」，更快地向學習型組織邁進。

（2）加強跨文化的溝通。

相互之間的信任關係依賴於良好的溝通。虛擬企業要建立相互信任的環境，必須在深刻理解文化差異所導致的溝通障礙的同時，充分利用先進的信息技術系統與通信網絡，建立有效的溝通渠道，培養開放、坦誠的溝通氣氛，從而使溝通直接高效。

首先，注重潛意識的溝通方式。伊夫・萬坎（Yves Winkin）指出，溝通是一個持久的社會過程，它包括許多行為方式：語言、手勢、目光、

動作、個人間的空間距離①。所以，我們可以通過一個人的感悟，表達的語言和非語言信息、有意識和無意識信息等進行溝通。愛德華·哈爾（Edward Hall）認為，有意識的語言溝通儘管比較直接、明確，但所占比例不大，僅為10%左右。交流的主要方式還是處在潛意識層次上的面部表情、目光接觸、聲調強弱、對話的語速頻率、激動程度等。這些潛意識的信息受文化背景的影響很大，它們本身是會被察覺、被領會的，並能引起信息接收人的反饋。由於文化差異，人們相互交流的進程可能會改變。在跨文化溝通的前提下，虛擬企業要盡可能在交流前瞭解各種文化背景，並對各種文化差異給予理解，盡可能地排除潛意識溝通造成的干擾因素。

其次，建立和改進雙向溝通渠道。在雙向溝通過程中，反饋是重要的一環，它能使信息發出者及時瞭解信息在實際中是如何被理解的，倘若信息接收者遇到各種問題，也可以得到信息發出者的幫助，實現信息的有效傳遞和理解。在虛擬企業中，多文化的融合更需要雙向溝通的表達方式。如果一方成員企業不顧文化差異的客觀存在，盲目地進行任務傳遞，可能致使另一方成員企業面臨異常尷尬的局面。因為有些任務在不同的文化背景下，人們的理解可能不同。如中國文化是一個高語境文化，傳遞任務時講究點到為止、言簡意賅，而美國文化是一個低語境文化，強調直截了當、開門見山，若低語境文化的企業接受到來自高語境文化企業的任務時，可能對高語境的表達感到莫名其妙，不知所雲。這時就需要採取雙向溝通的方式，重視低語境文化企業的反饋意見，使雙方進行有效的溝通。

2. 建立跨文化的人員管理模式

隨著經濟的發展和社會的進步，人力資源和人力資源管理越來越為人們所重視。人力資源是文化、知識、科技的載體，在社會生產力的諸要素中處於主導地位。因此，一個企業經營的優劣，在一定程度上取決於內部人力資源的管理。而文化不僅影響人們的思維方式，也影響人們具體的日常行為，所以虛擬企業會面臨跨文化對其人員管理活動的影響。跨文化的人員管理就是根據文化差異的特點進行合理控制和管理，在交

---

① 戈泰，克薩代爾. 跨文化管理 [M]. 陳淑仁，周曉幸，譯. 北京：商務印書館，2005：37.

叉文化的背景下通過人員之間的相互適應、調整，以提高人員配置的管理活動。跨文化人員管理的重要環節是跨文化人員的利用，這關係到虛擬企業目標的實現及發展。

首先，瞭解文化差異，建立人員管理新思路。在跨文化的管理背景之下，要改變在單一文化環境中固有的管理習慣和管理模式，就要將虛擬企業中不同文化背景的員工整合起來，調動其積極性和創造性，使其為虛擬企業的共同願景而努力。這就要求虛擬企業的核心企業必須瞭解各種不同文化的特色，進而對所持有這種文化觀念的員工進行瞭解；同時，比較不同文化類型並找出相互之間的分歧、相近的層面，從虛擬企業整體利益出發進行協調，為跨文化性的交融和整合互通做好鋪墊。通過整合不同文化，促進各成員企業之間的相互借鑑、融合和創新，在相互學習中形成適合自身發展的人員管理模式。

其次，選派高素質的管理人才。雖然虛擬企業存在三種不同的組織模式，但最終都會形成虛擬企業管理的一個「核心」。跨文化管理能否得到有效實施，關鍵就在於能否選拔出一批高素質的跨文化管理人員。以聯邦模式為例，由各成員企業選派人員共同組建協調委員會，對於這些選派人員而言，他們不僅要忠實代表和維護虛擬企業整體的利益，具備豐富的專業知識、管理經驗，而且要具有在多元文化環境下進行各項業務工作和管理所必需的特定素質，還要善於控制和調節不同文化給企業管理帶來的難題，具備對不同文化的適應和協調能力、多元文化的認知能力、人際交往的敏感性等。

最後，進行跨文化人員培訓。IBM 前總裁沃森（Tom Watson）曾說：「就企業相關經營業績來說，企業的基本經營思想、企業精神和企業目標遠遠比技術資源或經濟資源、企業結構重要得多……但我認為，它們無一不是源自企業員工對企業基本價值觀念的信仰程度，同時源自他們在實際經營中貫徹這些觀念的可信程度。」[1] 可見，員工在企業管理中具有非常重要的作用。同理，為了實現跨文化管理，虛擬企業必須要加強對內部成員的跨文化培訓，發揮員工在經營管理中的能動性。目前，英特爾公司、摩托羅拉公司等已設立了跨文化培訓機構，將不同企業文化背

---

[1] 科特，赫斯科特. 企業文化與經營業績 [M]. 曾中，李曉濤，譯. 北京：華夏出版社，1997：22.

景的經營管理人員、普通員工結合在一起進行多種形式的培訓。跨文化培訓的主要內容包括：人際關係技能的培訓、解決衝突的技巧培訓、敏感性培訓、維護團隊行為規範的培訓、團隊決策技巧的培訓等。跨文化培訓可以採用內部信息網絡宣傳、發放相關文字資料、召開視頻會議等多種培訓方法。總之，跨文化人員培訓就是試圖打破員工心中的文化障礙和角色束縛，加強員工對不同文化環境的適應性，提高不同文化之間的合作意識和聯繫。

3. 培育財務文化

在企業中，首先要管理人與人之間、國家之間和不同文化之間的關係[1]。虛擬企業面對紛呈繁雜的文化，為促使其產生協同性，應努力在企業內部發展一種新的人文思想。一種文化一旦形成就存在作用力，這種力量稱之為「文化力」，主要包括導向力、激勵力、約束力、凝聚力、競爭力等，各種力量相互作用，必然會形成一種強大的內在驅動力。財務管理是虛擬企業管理的重要組成部分。對財務管理領域而言，虛擬企業不能只顧財務技術方法的發展，還需要培育堅實的財務文化作為虛擬企業發展的精神支持。

（1）培育財務文化的前提：文化融合。

任何一種文化的存在都不是散漫的，而是按照一定的法則、秩序結合起來的。但這種結合不是一成不變的，它會在吸收、揚棄其他文化的基礎上重新構建。可見，文化差異與文化融合是不可分割的兩個方面，文化融合是化解文化差異的必然邏輯，是實現管理進步的階梯。這就要求虛擬企業的文化融合要以文化差異為前提，根據各成員企業的文化傾向，融合差異導致的行為和制度差別，並把「融合」文化變成企業經營的資源和優勢加以利用。如英特爾公司成立了「多重文化整合委員會」，通過開展各種各樣的文化融合活動，避免文化衝突導致的管理混亂。

文化融合是培育財務文化的前提。在虛擬企業中，管理者要善於讓財務人員從文化的視角來分析或描述一個財務問題，讓財務人員的觀念由「我要怎樣解決問題」向「基於文化差異，我要怎樣解決問題」轉變。只有瞭解不同文化下描述問題的方式方法，虛擬企業的財務人員才

---

[1] 戈泰，克薩代爾. 跨文化管理 [M]. 陳淑仁，周曉幸，譯. 北京：商務印書館，2005：100.

能找出所描述問題背後的文化假設，在兼顧文化和經濟雙重標準下，尋求問題的最佳解決方案。只有在這種狀態下，才能形成各方均認可的財務文化，並成功地規範跨文化管理下的財務行為。

（2）培育財務文化的主體：核心企業。

各成員企業在虛擬企業中處於不同的地位，其作用也不同，而核心企業的核心地位決定了其要發揮核心的作用。在跨文化管理中，核心企業是培育虛擬企業財務文化的主體，發揮著監管、溝通、協調的作用。首先，監管作用。虛擬企業文化管理不同於傳統企業的文化管理，不能用行政命令等方式直接塑造文化，需要利用威望等方式培育文化。而核心企業「天生」具有這方面的優勢，其擔當文化監管者成為必然。其次，協調作用。各成員企業文化是在每個企業的實踐過程中形成的，而虛擬企業文化是服務於虛擬企業這一企業聯合體的。可能會出現虛擬企業文化與單個成員企業文化不一致的情況，此時，核心企業就需要利用自身的優勢進行協調，防止出現自身企業文化凌駕於虛擬企業文化之上的現象。最後，溝通作用。虛擬企業得以生存的一個前提是信息的快速流動，虛擬企業文化的形成也需要各成員企業之間的信息溝通。虛擬企業中各成員企業的關係交錯複雜，必然需要一個中間者管理文化的溝通。由於核心企業居於虛擬企業中的地位以及各方面的優勢，可以得到其他成員的認同，能夠擔當跨文化溝通的角色。在溝通過程中，核心企業需要跳出自身企業的邊界，從虛擬企業整體利益出發塑造財務文化。

5.3　基於夥伴關係的制度安排

虛擬企業是不同企業為了實現共同目標，通過資源流動和網絡結構聯結起來共同完成某項使命的一種相對短暫的企業間合作安排。它的內部結構是多個主體之間資源交換和共享的夥伴關係。莉薩·伯恩斯坦（Lisa Bernstein）認為，「靠著在信譽基礎上建立起來的夥伴關係紐帶以及以此為基礎的商業來往是遠比法律體系更為高級的規則和制度」[1]。所

---

[1] BERNSTEIN L. Opting Out of the Legal System: Extra Legal Contractual Relations in the Diamond Industry [J]. Journal of Legal Studies, 1992 (21): 115.

以，虛擬企業的行為規範涉及內部各成員企業之間的相互關係。

5.3.1 虛擬企業關係資本的形成

1. 關係資本的界定

「關係」在人們生活中占據了十分重要的地位，其含義也在日益更新。「關係」的本意是事物之間相互作用、相互影響的狀態，在社會學看來，「關係」強調「個人化」的人情關照和信賴，是一種非系統化的非正式關係。但是擁有關係不等同於擁有關係資本，關係只是關係資本的重要源泉。按照馬克思主義政治經濟學的觀點，資本是能夠帶來增值的價值。「多數勞動者，在同一生產過程內，或在不同的但相互聯繫的諸生產過程內，依計劃、並存地、協同地進行勞動的勞動形態，稱為協作」[①]，「由協作而發展的勞動的社會生產力，表現為資本的生產力」[②]，也就是協作可以擴大勞動的空間範圍，協作發揮的勞動的社會生產力表現為資本的生產力。換言之，個體之間通過相互之間的關係而相互協作為關係轉化為資本提供了可能。我們只有通過梳理和有效經營這些無序堆積起來的關係才能使其帶來未來收入流，形成關係資本。

20世紀80年代，美國經濟學家布魯斯·摩根（Bruce Morgan）在《關係經濟中的策略和企業價值》中指出關係就是一種資源、一種資產，並首次使用了「關係資本」這一概念，認為關係資本有不同的表現形式，如企業與金融界的關係、企業與企業間的關係、企業或組織內部的橫向和縱向關係，等等。迄今為止，理論界對於關係資本的定義和基本內涵還沒有達成共識。較具代表性的觀點認為：①關係資本是企業與處於同一價值網絡的供應商、股東、政府和盟友等所有利益相關者的有利於提高企業價值的互動關係（Nick Bontis，1998）[③]；②關係資本指在聯盟夥伴之間，各層級緊密互動下彼此相互信任、尊重及友誼產生的程度（Kale，2000）[④]；③關係資產是基於關係過程的價值體現，是一種不確切

---

① 馬克思. 資本論：第1卷 [M]. 北京：人民出版社，1953：389.
② 馬克思. 資本論：第1卷 [M]. 北京：人民出版社，1953：401.
③ BONTIS N. Intellectual Capital: An Exploratory Study that Develops Measures and Models [J]. Management Decision, 1998, 36 (2): 63-76.
④ PRASHANT K. Learning and Protection of Proprietary Assets in Strategic Alliances: Building Relational Capital [J]. Strategic Management Journal, 2000, 21 (3): 217-238.

資產或無形資產（吳淼，2002）[①]；④關係資本的定義是個人或者企業與利益相關者為實現其目標而建立、維持和發展關係並對此進行投資而形成的資本（彭星閭 等，2004）[②]；⑤關係資本是指企業與客戶、投資者、供應商、政府、社會公眾等利益相關者的關係和企業聲譽（馮桂中，2006）[③]；等等。從上述觀點可以看出，目前對關係資本的研究各有側重，但基本都是從個人角度的聯繫出發，認為關係資本是建立在個人層面上的，體現相互之間的信任、友好、尊敬和相互諒解的關係。企業關係資本的涵蓋範圍不再局限在個體間的人際關係，還包括了企業與員工、供應商、顧客等利益相關者之間全方位的聯結關係。這種特定的聯結關係構成了企業所具有的不可交易、不可替代和不可模仿的獨特優勢。如果一個企業缺乏關係資本，會帶來一定的損失。Mohan Sawhney 和 Jeff Zabin 的研究結果顯示[④]，一個年產值 5 億美元的公司因其惡劣的夥伴關係導致每年 0.62 億美元的損失，約占年總產值的 12.4%，可以看出關係資本對於企業價值創造是至關重要的。特別是在目前激烈競爭的市場環境下，企業的生存發展更強調企業間的相互依存、相互協作，所以，對其所擁有的關係網絡進行投資才能更好地創造和傳遞企業的價值。

2. 虛擬企業關係資本的形成原因

虛擬企業作為一種企業集合，使得企業的各種核心資源超越單個企業的界限而轉向整個企業網絡成為可能。美國生產商價值 55% 的資源是由企業外的供應商所提供，在日本甚至高達 69%[⑤]，這充分表明企業並不是孤立地進行生產經營，而更多地依賴企業之間的相互合作。虛擬企業通過各成員企業之間建立的相互關係，目的就是給這種關係的擁有者帶來最大化效益。換言之，企業與企業之間的夥伴關係是以一種特定的方式將各種資源結合起來的，並能產生一種大於單個企業收益之和的超額收益，即關係性租金。企業通過虛擬企業擁有的獨特夥伴關係資源，成

---

① 吳淼. 關係資產與企業收益創造：兼論不同社會形態下的企業收益變化 [J]. 中南財經政法大學學報，2002（2）：103.

② 彭星閭，龍怒. 關係資本：構建企業新的競爭優勢 [J]. 財貿研究，2004（5）：49.

③ 馮桂中. 人力資本、結構資本和關係資本關係探析 [J]. 企業活力，2006（8）：57.

④ SAWHNEY M, ZABIN J. Relational Capital：Managing Relationships an Assets [J]. Marketing Science Institute，2001（12）：7.

⑤ 董俊武，陳震紅. 從關係資本理論看戰略聯盟的夥伴關係管理 [J]. 財經科學，2003（5）：82.

為其所佔有的關係資本，並得到從中而來的關係性租金。正是這種關係性租金成為虛擬企業提高生產效率和競爭力的源泉。

基於此，虛擬企業的關係資本更為強調各成員企業之間專有並共享的相互信任、友好、承諾等組織中的獨特性關係資源。這種資源主要存在於虛擬企業內部，可帶來無法複製和模仿的競爭優勢。虛擬企業關係資本的形成不是一蹴而就的，需要各成員企業共同努力，是一個動態複雜、呈階段性的改進過程。在關係資本形成的初級階段，由於對各夥伴的信息瞭解不夠，各成員企業間難免存在相互猜疑、窺探情報、試探行動等行為，因而夥伴關係往往具有不穩定性。但是隨著時間的推移，合作夥伴根據對方在虛擬企業中的實際表現，就會對虛擬企業的信心做出判斷。若合作夥伴不斷增加對其他合作夥伴的信賴，則相互的疑慮將逐步減少，開始萌發相互信任。此時，就形成了真正的夥伴關係。只有各成員企業通過夥伴關係的相互協作獲得關係性租金、創造新的合作價值，虛擬企業各方才有積極性來促成關係資本的形成；相反，如果各成員企業無法獲得關係性租金，虛擬企業則直接面臨解體。具體而言，專用性資產、知識共享、互補性資源能夠為虛擬企業產生關係性租金，並形成關係資本。

（1）專用性資產。

威廉姆森（Williamson）提出了資產專用性的概念，並將其劃分為地點專用性、物質專用性和人力資源專用性。資產專用性顯示出企業資源的異質性，並在一定程度上鎖定了當事人之間的關係，對此，當事人雙方就不可能不耗費成本地轉換夥伴，且交易當事人相互之間的關係可以減少討價還價的可能性，從而推動新的交換價值的創造。地點專用性可以減少存貨成本、提高相互之間的協調性；物質專用性不僅能夠提高產品質量，還能增加產品的差異化程度，提高產品競爭性；人力資源專用性包括專門的知識和經驗，它們有助於夥伴間的溝通和配合，利於培養共同的意識。

專用性投資往往是不可收回的沉澱成本，所以，虛擬企業各成員企業的不可收回的專用性投資就構成參與虛擬企業的「抵押品」，由此構成一種可置信承諾，這樣成員企業就形成自我實施的單邊協議，形成不斷地進行這種交易的自我約束。同時，對於專用性資產的投資也構成持續性參與虛擬企業的顯示信號。這樣既起到了參與虛擬企業的甄別作用，

又能誘致其他成員企業參與可置信承諾。每一個成員企業都形成這種自我實施的單邊協議，相互激勵、相互誘致。由此，通過不可收回的專用投資形成的可置信承諾構成一個可自我實施的「網絡效應」，而「網絡效應」的保障即為相互信任。這種信任是各成員企業為了擴展利益機會，通過不可收回的專用性資產作為「抵押品」而形成可置信承諾建立起來的。因此，只有建立起各成員企業的可置信承諾，才能形成虛擬企業的關係性租金。

需要說明的是，虛擬企業專有性資產的投資增強了合作夥伴之間的信任水準，從而降低了交易成本，提高了虛擬企業的經營效益；同時，具有高度資產專有性投資的虛擬企業往往更為穩定，其生命週期更長。

（2）知識共享。

虛擬企業建立關係資本就在於通過整合各成員企業的優勢資源以產生協同效應，創造其他企業無法模擬的關係性租金，以提高企業的市場競爭力，實現更多的價值創造。資源的共享和整合是虛擬企業通過相互合作提升各方競爭能力的關鍵。在知識經濟時代，知識成為企業具有戰略性的資源，它只有在相互交流中才能得到更大的發展。虛擬企業通過建立知識共享來創造自由、開放的交流氛圍，有利於在虛擬企業內部建立相互信任關係，進而建立關係資本；同時，良好的信任關係也有利於進一步促進虛擬企業間知識共享的深度和廣度。很多事實表明知識共享能夠產生關係性租金，如 Von Hippel 發現在某些產業三分之二的發明創造可以追溯到顧客的需求；波特發現企業的知識溢出所帶來的提升效應是區域競爭的重要來源；Powell 發現在生物醫藥行業絕大多數的專利，都是來自企業的網絡而不是單獨的企業行為[1]。因此，知識共享投入得越多，產生關係性租金的機會就越大。

需要強調的是，知識共享僅表徵各成員企業對「交易各方有關訣竅和特定信息相互感知的一種靜態關係」[2]，這種知識共享不能形成戰略知識。知識共享並非一般意義上的知識共有，是指在感知交易各方特定信息和訣竅的基礎上，經過學習、吸收、融合和創新，以改善原有知識的

---

[1] 林競君.網絡、社會資本與集群生命週期研究——一個新經濟社會學的視角 [M].上海：上海人民出版社，2005：127.

[2] 常荔，李順才，鄔珊剛.論基於戰略聯盟的關係資本的形成 [J].外國經濟與管理，2002 (7)：33.

價值,形成新的戰略知識,它強調對知識的學習和能力的獲取。

(3) 互補性資源。

關係性租金的另一個來源是虛擬企業各成員企業所擁有的互補性資源,這些資源的共同組合可以產生協同效應,使得組合中的任一成員企業比其作為單一運作的企業能夠獲得更高的贏利能力。一般而言,互補性資源通過配合和副產品兩個途徑為虛擬企業提供便利,這都意味著各成員企業的關係性租金受益於其資源和能力的特性。如果成員企業的互補性資源越是稀缺的、難以模仿的,那麼通過相互配合和副產品途徑就會獲得更多的關係性租金。

此外,各成員企業需要準確瞭解互補性資源所能產生的關係性租金的價值,否則就會限制關係性租金的創造。Dryer(1998)認為限制關係性租金創造的因素主要有:第一,參與網絡的經驗。成員企業如果事先具有參與虛擬企業的經驗就能瞭解關係性租金的價值,當其遇到聯盟機會的時候,就會積極加入虛擬企業,以期獲得關係性租金。第二,網絡管理能力。如果企業投資網絡管理能力,那麼企業的員工就具有網絡管理知識。這樣有利於識別潛在的合作夥伴和協調、監管現有的合作夥伴,為創造關係性租金提供可能。第三,獲取潛在合作夥伴信息的能力。能否評價和識別潛在的合作夥伴取決於信息獲取的能力,如果企業占據有利的網絡位置,就可以獲取豐富的信息,為了解潛在的合作夥伴、組建虛擬企業提供可能[1]。因此,虛擬企業獲取關係性租金的能力與事前參與網絡的經驗、網絡管理能力的投資、有力的網絡位置呈正相關。

5.3.2 夥伴關係下的財務制度安排

各成員企業之間的夥伴關係增強了虛擬企業內部的相互溝通、協調、瞭解和信任,並促進關係資本的形成與保持。由於虛擬企業在經營環境中的不確定性,各成員企業的衝突在所難免,因此,虛擬企業需要在運作期間不斷維護關係資本,否則易導致關係資本價值的弱化。筆者認為,為了維護虛擬企業的關係資本,財務制度安排應從以下方面著手。

1. 構造良好的溝通環境

維護關係資本首先需要一個良好的溝通環境,因為環境的好壞直接

---

[1] DYER J H, SINGH H. The Relational View: Cooperative Strategy and Sources of Interorganizational Competitive Advantage [J]. Academy of Management Review, 1998 (23): 660-679.

影響到各成員企業之間能否建立密切的、可信賴的夥伴關係。關係夥伴間的相互適應有利於關係效率的提高和合作價值的創造，更有利於關係資本的形成。因此，構造一個能使價值增值、相互制約、共存的溝通環境是降低合作風險、維護關係資本的必要條件。筆者認為構建虛擬企業信息交換平臺有利於構造良好的溝通環境。

虛擬企業是由核心層企業和鬆散層企業共同組成的融縱向與橫向結構為一體的網絡化組織。核心層企業通常負責整體的發展戰略和發展方向，並負責內部重大問題的協調和處理；鬆散層企業主要是配合虛擬企業的生產經營。虛擬企業的外部環境因素具有很大的不確定性，其內部成員企業都需要根據技術和市場環境的變化來改變自己的策略，這就要求虛擬企業採用柔性化管理。而柔性化管理的最大特點就是各成員企業之間對於信息的交互和共享，它是各成員企業彼此相互信任、互為兼容的基礎。因此，在虛擬企業內部建立各成員企業共享的信息交換平臺，可以保證各合作夥伴不斷地向信息交換平臺輸送信息，同時也獲取信息，為實現虛擬企業良好的溝通環境創造硬件條件。此外，在信息的交互溝通中，還要注重利用各種正式、非正式的渠道和方式進行交流，如網絡、電話、信函等，這些是信息交換平臺所無法取代的。

2. 注重關係資本的價值衡量

企業為建立和發展關係資本而投入的人力、物力及財力等資源構成了關係資本的成本，相應地企業利用關係資本可以獲取收益。只有獲取的收益大於投入的成本時，企業的關係資本才具有經濟價值，所以對關係資本的價值評估至關重要。虛擬企業的關係資本是基於內部各成員企業建立的夥伴關係而享有的關係資源的，對於關係資本的評估筆者認為主要有以下兩種方法：

（1）定性分析——社會人際測量調查法。

虛擬企業通過社會人際測量調查法描繪夥伴關係網絡的規模，定性地評估關係資本。協調委員會（或財務委員會或盟主企業）針對虛擬企業的組織模式、行業特點等，對各成員企業進行調查（見表5-2），為評估關係資本提供原始素材。調查數據獲取得越充分，關係資本的分析就越準確。

表 5-2　　　　　　　　　　**虛擬企業關係資本調查分析表**

調查內容 \ 指標	A「密友」的個數	B「密友」之間的聯繫數量	C 可能出現的最大聯繫數量	D 密度 D=(B÷C)×100	E 冗餘 E=(2×B)÷A	F 有效規模 F=A-E
問題1：工作聯繫						
問題2：項目支持						
問題3：非正式交往						

資料來源：貝克. 社會資本制勝——如何挖掘個人與企業網絡中的隱性資源 [M]. 上海：上海交通大學出版社, 2002：43. 有刪改。

人們可以通過對每個成員企業的針對性調查內容，如「和幾個企業有工作聯繫」「為幾個企業提供項目支持」「和幾個企業有非正式的交往」等，進行統計密度、冗餘、有效規模的定性評估。其中，「密友」是與每個成員企業相關的企業。「密友」的個數反應的是絕對規模；「密友」之間的聯繫數量是各「密友」兩兩之間實際發生聯繫的數量；可能出現的最大聯繫數量是理論中可能出現各「密友」之間發生聯繫的最大數量，可以通過 C_n^2 計算得來。計算「密度」這一簡單的衡量尺度，有助於表明「各成員企業之間的聯繫」的程度。「密度」是用「密友」之間的實際聯繫數量與他們之間可能出現的最大聯繫數量的百分比來表示的，數值範圍從 0 到 100%。如果所有「密友」全都相互聯繫，那麼其密度就是 100%；如果所有「密友」全都不聯繫，那麼其密度就是 0。「密友」之間的「高密度」聯繫表明關係網中存在著「冗餘現象」。比如，如果兩個「密友」之間有直接聯繫，那麼第三方再和這兩者的聯繫就是多餘的。「冗餘」並不意味著這兩個人可以相互替代或交換，相反，它表明了關係網的進一步延伸。因為如果存有冗餘現象，那麼就是同一班人保持聯繫，關係網絡就會趨於一致，從而影響關係網絡的延伸。考慮「冗餘」問題的方法是把絕對規模和「有效規模」進行對比。根據這種方法，通過絕對規模、密度、重疊度、有效規模的加總分析，可以全面掌握虛擬企業關係資本強弱。若密度越高、有效規模越大，則表示該成員企業的

關係資本越密集，那麼該企業在虛擬企業中越能發揮聯結作用。

（2）定量分析——構建數理模型。

關係資本區別於物質資本的諸多特性使人們很難用數學模型全面反應其實際價值。隨著關係資本所創造的企業價值越來越大，我們有必要對其價值進行定量分析。在已查閱的文獻中，與關係資本有關的數理模型很少。即使採用數理模型分析關係資本的實際價值也是不完整的，它僅能解釋關係資本中較小的顯性價值[①]，而實際價值遠遠大於其顯性價值。雖然數理模型不能全面反應關係資本的價值，但其也能在一定程度上反應關係資本所帶來的價值增值，有利於企業的投資決策。

本書在此借鑑現金流量折現法，試圖構建虛擬企業關係資本數理模型的框架。現金流折現法是在考慮貨幣資本時間價值的前提下，對關係資本的價值進行計量，即關係資本價值等於企業在進行關係投資後所獲得的額外收入減去企業為建立、維護、發展關係資本而投入的一切成本。虛擬企業內部單一成員企業關係資本的價值衡量（NPV）如下：

$$NPV(k) = \sum_{t=1}^{n} \frac{[R_i(R_0,t,v) - R_0(1+r)^t] + [C_0(1+r)^t - C_i(C_0,t,v)] - RC(R_0,C_0,t,v)}{(1+r)^t}$$

假設企業不實施其他經營戰略，其中，t 表示年數，v 表示關係資本的強度，r 指該企業的資本成本。R_0 和 C_0 是企業投資關係資本前的總收益和進行生產交易所花費的總成本；R_i 是企業建立關係後的第 t 年的總收益，它是與 R_0、t、v 相關的函數；$C_i(C_0,t,v)$ 是企業建立關係後第 t 年企業進行生產經營所花費的成本，它是與 C_0、t、v 相關的函數；$RC(R_0, C_0, t, v)$ 是當年企業為了建立、維護關係資本而投入的成本，它是與 R_0、C_0、t、v 相關的函數。依此類推，將所有成員企業的關係資本的價值進行加總，就可得到虛擬企業關係資本的價值，即 $TNPV = \sum_{k=1}^{m} NPV(k)$。其中，$k$ 表示虛擬企業內部第 k 個成員企業。

根據以上模型可以得出以下結論：

當 $TNPV \geq 0$ 時，說明虛擬企業建立、維護和發展關係所實現的收益大於所付出的成本，虛擬企業內部具有良好的夥伴關係。$TNPV$ 的值越大

[①] 顯性價值代表的是僅以財務數據所表現出來的顯性收入，即企業在經濟活動中運用關係資本所獲取的額外收益和實際成本的節約都可看作是關係資本經營的收益。

則虛擬企業創造的價值就會越大，越能發揮關係資本優勢資源的作用。

當 $TNPV < 0$ 時，說明虛擬企業建立、維護和發展關係所實現的收益小於所付出的成本。$TNPV$ 的值越小則對創造價值的貢獻就越小，對虛擬企業的發展越不利。此時，虛擬企業要麼重新考慮篩選合作夥伴，放棄那些不利於企業創造價值的合作夥伴；要麼虛擬企業需要加強內部溝通，協調內部關係，創造一個良好的溝通環境，使 $TNPV$ 由負值變為正值。總之，虛擬企業應慎重地選擇合作夥伴，在滿足 $TNPV \geq 0$ 的情況下，應盡可能地保證每個成員企業的 $NPV \geq 0$，使兩者均實現最大化。

3. 增加關係資本的投資

加強虛擬企業的夥伴關係需要各成員企業對關係資本這種專用性資產進行投資，這是提升關係夥伴間信任水準的有效手段。當各成員企業對關係資本做出了專用性投資後，各方就被「鎖定」，這種「鎖定」效應的實質是任何一方的退出都同時給關係各方造成損失[1]。關係資本這種資產專用性越強，「鎖定」效益就越強，所以，關係資本的投資越多，各成員企業之間的關係越穩定，越有利於虛擬企業的價值創造。

虛擬企業應通過以下方式來對關係資本進行投資：第一，建立「人性化場合」。愛德華·哈洛韋爾（Edward Hallowell）提出通過建立「人性化場合」來對關係資本進行投資，「人性化場合」的前提是：一是人要實實在在地存在，二是人要投入注意力。雖然電子媒介已成為有效的通信模式，能夠加速常規信息的傳播，並提高了準確程度，但電子技術「缺乏社會榜樣和經驗共享」，所以哈洛韋爾認為沒有什麼事物能夠替代由面對面交流所創造出來的人性化場合。虛擬企業作為一個團隊的集合，必須先進行面對面的交流，然後才能通過電子通信進行溝通、協調。每一次面對面的交流就構成人性化場合，就等於對關係資本進行投資。第二，投資所歸屬的組織。「就像我們投資人際關係一樣，我們也能投資我們所屬的協會、團體和組織」[2]。在聯邦模式下，虛擬企業各成員企業都受協調委員會的管理，各成員企業可以向協調委員會貢獻自身的資源，例如在委員會中任職、提供信息、提供技術方案等。這些將各種資源投

---

[1] 彭星閭，龍怒. 關係資本：構建企業新的競爭優勢 [J]. 財貿研究，2004（5）：53.
[2] 貝克. 社會資本制勝——如何挖掘個人與企業網絡中的隱性資源 [M]. 上海：上海交通大學出版社，2002：135.

入所歸屬的組織中也是一種間接的關係資本投資。第三，彌補結構空洞。Burt 於 1992 年提出結構空洞理論，該理論認為大部分社會網絡並不是完全連通的網絡，而是存在著結構空洞（Structural Hole）。所謂存在結構空洞的網絡是指網絡中的某個或某些個體與有些個體發生直接聯繫，但與其他個體不發生直接聯繫。如圖 5-2 所示，由 A、B、C 三者構成的網絡，A 分別與 B、C 之間存在某種聯繫，而 B 與 C 之間出現了間斷現象，這時 A 占據了結構空洞的位置。每一個結構空洞都代表著通過溝通人際關係而創造價值的機會，都為關係資本投資提供了天然的機會。在虛擬企業中彌補結構空洞，即 B 與 C 之間建立聯繫，就會建立起一種由生產力的合作、信任與「互惠」的環境，不斷地創造出新價值。其實，虛擬企業具有「天生」的優勢，其內部通過信息網絡聯結，這為彌補結構空洞提供了有力手段。此外，還需要協調委員會與各成員企業保持密切聯繫，使協調委員會瞭解彌補結構空洞的可能性；同時，虛擬企業多召開一些正規會議，並挑選與會者，以涵蓋各企業、各部門的有關人員，也能使正規會議成為彌補結構空洞的有力工具。

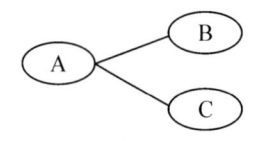

圖 5-2　結構空洞示意圖

4. 規避關係資本風險

由於關係資本具有資產專用性的特點，因而就可能導致發生機會主義行為，出現「敲竹杠」問題。「敲竹杠」就是交易者在不完整契約下從交易合夥人所進行的專用性投資中尋求準租的一種後契約機會主義行為[1]，它會使關係資本產生風險。為了規避關係資本的風險，筆者認為應從以下兩方面加以控制：第一，發揮協調委員會等核心機構的協調作用，以降低信息的不完全性和不對稱性，減少虛擬企業出現機會主義行為的可能性。協調委員會應在組建之初就明確自己的責任，充分瞭解虛擬企業運作的整體鏈條及各成員企業的核心競爭力，並樹立夥伴企業對虛擬企業的信心。第二，嚴格選擇和衡量關係夥伴，以降低關係資本的風險。

---

[1] 彭星閭，龍怒. 關係資本：構建企業新的競爭優勢 [J]. 財貿研究，2004 (5)：53.

在實際操作中,合作夥伴的選擇和衡量可分為預備階段、過濾階段、核心競爭能力評價、綜合評價優化四個階段。在預備階段,虛擬企業的發起人即核心企業對市場機遇進行系統分析,確定虛擬企業的總體目標,再把總體目標分解為若干子目標。根據項目的特點設計完成子任務的合作夥伴評價指標體系,並從市場中尋找可能成為潛在的合作夥伴。過濾階段是從潛在合作夥伴中選擇出合格的潛在合作夥伴。瑪麗·約翰孫(Mary Johnson)等人的研究表明,虛擬企業可以採用持續時間、聯繫的頻率、聯繫渠道的多樣性、能力對稱性及合作關係的促進五個緯度進行企業合作夥伴的選擇①。總之就是,虛擬企業的發起人即核心企業依據考慮的主要因素從潛在的合作夥伴中選擇出合格的潛在合作夥伴,精減候選合作夥伴的數目。在核心競爭能力評價階段,是對初選合格的潛在合作夥伴的核心競爭力進行評價,從每個子任務潛在合作夥伴中選擇出核心競爭能力較強的幾個候選合作夥伴。可根據具體情況運用定性評價法、定量評價法進行考評。合作夥伴的各自任務並不是完全獨立的,需要相互配合和協調,因此,在選擇最優的合作夥伴時不僅要考慮個體有效性,還要考慮虛擬企業整體有效性。在綜合評價優化階段要根據區域位置、配合程度、文化背景等因素,選擇出一組最佳的合作夥伴。

---

① 陳菊紅,汪應洛,孫林岩. 虛擬企業夥伴選擇過程及方法研究 [J]. 系統工程理論與實踐,2001(7):50.

6 虛擬企業的財務治理結構與機制

人們判斷一種制度是否有效，除了顯性制度和隱性制度是否完善以外，更主要的是考察制度的實施機制是否健全。離開了實施機制，任何制度尤其是顯性制度就形同虛設。財務治理（Finance Governance）作為一種規範、完善財務制度的創新組織和契約機制①，通過一定的手段合理配置企業剩餘索取權和控制權，以形成科學的相互制衡機制，保證財務決策的科學性和效率性。財務治理通過合理配置財權，對財務組織結構進行安排，明確各財務制度主體的權限、職能，保證了顯性財務制度的有效運行；同時，財務治理可進一步協調企業內部的財務活動、財務關係，有利於培育財務文化、促進夥伴關係的穩定發展。可見，財務治理是財務制度順利實施的保障。本章主要針對虛擬企業的財務治理問題進行探討。

6.1 財務治理的一般框架：基於財權配置的視角

現代企業理論認為，企業是一組契約的組合體。在契約之下，存在著委託方和代理方。由於雙方各自利益不一致以及契約體中信息的非對稱性，就產生了代理人利用信息優勢牟取私利的「機會主義」行為。這樣，委託人與代理人之間簽訂的代理合約就有較多的不確定性，屬於不

---

① 林鐘高，王鍇，章鐵生. 財務治理：結構、機制與行為研究 [M]. 北京：經濟管理出版社，2005：2.

完全契約。而不完全契約必然會提高交易成本，影響企業資源配置的效率。因此，為了降低代理成本、提高資源配置效率，企業就必須建立一系列機制來協調代理關係，即形成各利益相關者的權、責、利的界區，這樣就會產生財務治理問題。

6.1.1 財務治理的核心：財權配置

目前，財務學者從不同的研究目的出發，根據對「財務治理」含義的理解，概括出多種財務治理的定義。代表性的觀點有：伍中信教授（2001）認為企業財務治理應該是一種企業財權的安排機制，通過這種財權安排機制來實現企業內部財務激勵和約束機制[1]；楊淑娥教授（2002）認為所謂公司財務治理是指通過財權在不同利益相關者之間的不同配置，從而調整利益相關者在財務體制中的地位，提高公司治理效率的一系列動態制度安排[2]；衣龍新博士（2002）指出財務治理就是基於財務資本結構等制度安排，對企業財權進行合理配置，在強調以股東為主導的利益相關者的共同治理的前提下，形成有效的財務激勵約束等機制，實現公司財務決策科學化等一系列制度、機制、行為的安排、設計和規範[3]；饒曉秋教授（2003）認為財務治理的實質是一種財務權限劃分，從而形成相互制衡關係的財務管理體制[4]；林鐘高教授（2003）認為財務治理是一組聯繫各利益相關主體的正式的和非正式的制度安排和結構關係網絡，其根本目的在於試圖通過這種制度安排，以達到利益相關主體之間的權利、責任和利益均衡，實現效率和公平的合理統一[5]。從上面幾種代表性的觀點可以看出，國內學術界對於財務治理的定義並無很大的分歧，都認為財務治理是以財權為主要邏輯線索，研究如何通過財權的合理配置，形成一系列聯繫各利益相關主體的制度安排。因此，從本質上說，財務

---

[1] 伍中信.建立以財權為基礎的財務理論體系和財務運作體系［M］//中國會計年鑑.北京：中國財政雜志社，2001：351-356.
[2] 楊淑娥，金帆.關於公司財務治理問題的思考［J］.會計研究，2002（12）：51.
[3] 衣龍新.財務治理論初探［J］.財會通訊，2002（10）：8.
[4] 饒曉秋.財務治理實質是一種財權劃分與制衡的財務管理體制［J］.當代財經，2003（5）：109.
[5] 林鐘高，葉德剛.財務治理結構：框架、核心與實現路徑［J］.財務與會計，2003（4）：18.

治理是一個關於財權配置的合約安排①，以財權配置為核心構建財務治理，是抓住了財務治理中的「綱」。

可見，財權是企業財務治理的核心概念，反應了財務治理的本質內涵。一般認為，財權是關於企業財務方面的一組權能，根據企業各項財權之間的內在聯繫，可以將財權分為財務收益權和財務控制權②。只有將財權進行合理的配置，才能促進財務績效的增長、促進企業長足發展。要分析企業財權的配置，首先要對財務的運作程序進行剖析。企業財務活動涉及籌資、投資、收益分配等多個方面，這些複雜的財務活動在運行中存在的不確定性會導致企業合約的不完全性。即使要簽訂一個包羅萬象的完全合約，也因交易成本過高而不可行，所以，這就使企業財務主體擁有企業的剩餘財權成為可能。同時，財務主體從事財務運作總是存在風險，如果企業財務主體只是固定合同收入者而沒有剩餘財務收益分享權，那麼他就沒有動力從事風險性財務活動，可能使企業陷入停滯的僵局。為了使企業財務運作發揮應有的效力並保護所有者的權益，財務主體必須取得相應的剩餘財務收益分享權，即財務主體也是風險承擔者，能夠承受因財務運作失敗而給企業帶來的損失。依據經濟學理論，效率最大化要求企業剩餘索取權的安排和控制權的安排應該對應（Milgorm and Roberts，1992）。因此，財權有效配置的前提就在於剩餘財權與剩餘財務收益分享權的對稱結合，財權的有效配置問題就等價於如何實現剩餘財權與剩餘財務收益分享權的對稱結合問題，也就是人們常說的責權利相統一③。

實現剩餘財權與剩餘財務收益分享權的對稱結合的途徑是財務治理結構及其動態均衡。按照財權配置的狀態，筆者認為可分別從財權的靜態安排和財權的動態安排來進行考慮。其中，財務治理結構是一種靜態的理解，具體表現為財權配置的結構和關係④；財務治理機制是一種動態的理解，具體表現為財權配置中的動態制衡。可見，財權配置問題可以

---

① 伍中信．現代公司財務治理理論的形成與發展 [J]．會計研究，2005（10）：13.
② 張兆國，張慶，宋麗夢．論利益相關者合作邏輯下的企業財權安排 [J]．會計研究，2004（2）：47.
③ 伍中信．產權會計與財權流研究 [M]．成都：西南財經大學出版社，2006：147.
④ 楊淑娥．產權制度與財權配置：兼議公司財務治理中的難點與熱點問題 [J]．會計研究，2003（1）：52.

細化為財務治理結構和財務治理機制問題①。

6.1.2　財務治理結構：財權的靜態安排

財務治理結構是財務治理的基礎，是財務治理發揮效力的依據。財務治理結構的核心就是明確劃分各利益相關者各自的權、責、利的界限，形成相關利益主體之間的權力制衡關係，確保財務制度的有效運行②。為完善財務治理，財務治理結構更強調的是一種靜態財權配置之間的制衡，所以，財務治理結構是財務治理中一種暫時的平衡，是相對靜止的狀態。一般而言，財務治理結構中，最為重要的組成部分是財務資本結構安排和財務組織結構安排，兩者構成了治理結構的核心部分③。

1. 財務資本結構安排

財務資本結構不同於一般意義中的資本結構。從廣義的角度，資本理解為全部資金來源，資本結構是全部資本的構成，即權益資本和負債資本的比例關係。而財務資本結構是企業「本金化」投入要素的具體構成與組合④，具有寬泛的外延。按照資本來源與性質角度，可以劃分為股權結構、債權結構和資本結構。其中，股權結構為處理公司各類股東之間的關係提供依據；債權結構則為合理確定公司債權人權限並有效促使債權人行使治理權利奠定了基礎；資本結構主要為公司股東和債權人之間以及股東與經營者之間的財務治理問題提供了基礎。因此，財務資本結構初步確定了公司內外部各利益關係者之間財務權力配置與利益分配關係，初步反應了股東、債權人、經營者三方之間的制衡關係。

2. 財務組織結構安排

企業財務組織結構安排是遵照企業所有權安排的邏輯，在界定公司內部各權利組織財權關係的基礎上，合理安排股東之間以及經營者各自的權利範圍，具體包括股東大會、董事會、監事會，以及經理層初步的

---

①　財務治理的研究範圍比較寬泛，一般來說財務治理的內容分為治理結構、治理機制、治理行為三個部分（衣龍新、林鐘高等）。但是筆者認同伍中信、陳共榮的觀點，認為財務治理行為的規範已經包含於財務治理結構的安排之中，沒有必要單獨列出來。本書主要從財權安排的角度來進行研究，因此本書中財務治理的一般框架包括財務治理結構和財務治理機制。

②　林鐘高，王錯，章鐵生. 財務治理：結構、機制與行為研究 [M]. 北京：經濟管理出版社，2005：40.

③　衣龍新. 公司財務治理論 [M]. 北京：清華大學出版社，2005：96.

④　衣龍新. 公司財務治理論 [M]. 北京：清華大學出版社，2005：98.

財務組織分工與財權配置的具體組織安排。簡言之，股東大會是財務組織結構安排的起點，通過層層授權形成企業財務權力多層次配置的格局。股東大會是公司的最高權力機構，它由全體股東組成，對公司的經營管理具有廣泛的決定權。就企業財權而言，股東大會具有財務決策權、財務收益分配權和財務監督權。由於股東大會受自身組織、運作方式的限制，很難直接行使以上財權。為了提高公司的營運效率，股東大會可以將其主要的財務決策權、財務收益分配權等權力授權於代表全體股東利益的董事會。董事會由股東大會選舉產生，是公司的常設權力機構，並享有股東大會授權的企業重大財務決策權等，同時直接組織企業的經營管理。監事會是股份公司法定的監督機關，它由股東大會選舉產生，與董事會並列設置，行使股東大會賦予的財務監督權，對董事會和經理層的經營行為進行監督。經理層是由董事會直接任命，執行董事會的決策，直接組織企業的生產經營活動，並擁有日常財務決策權。

在財務治理中，涉及的主要財權是財務決策權、財務收益分配權和財務監督權。這三大權力基本與「企業所有權」的內涵基本對應一致。財務決策權對應剩餘控制權，財務收益分配權對應剩餘索取權，對剩餘控制權和剩餘索取權監督調節的產物就形成了財務監督權。其中，財務決策權關係到企業生產經營活動，直接關係到企業發展的成敗，它處於是財權配置的核心地位。從上述各層組織結構的分析中，可以看出財務決策權形成了「股東大會—董事會—經理層」三層授權、分權的配置格局。財務收益分配權是股東所關注的，股東大會具有最終決定權，其只是將具體提議、制定權授予董事會、經理層。財務監督權則形成了內外監督的局面，內部財務監督權形成了「股東大會—監事會」財權配置格局，外部財務監督權則由企業債權人等利益相關者享有，通過董事會依據有關約定行使。可見，股東大會享有企業財權，董事會、監事會以及經理層通過股東大會的授權、分權，形成財務決策權、監督權和執行權「三權分立」相互制衡的基本權力配置的格局。同時，也奠定了股東大會、董事會、監事會以及經理層在財務組織結構安排中基本的權力關係。

6.1.3 財務治理機制：財權的動態安排

財權的動態配置是從財權要隨著利益相關者利益格局的變化進行動態分配來考慮的。具體而言，企業的財務資本結構不可能一成不變，它

會根據企業董事會、股東大會、經理層制定企業的財務戰略進行調整。這種調整會改變企業、債權人、股東三者之間的財務權力配置與利益分配關係，形成新的相互制衡關係，從而實現財權的重新配置。而財權配置存在於多環節、多層次的委託代理關係之中。由於委託人和代理人之間利益不一致、機會主義、信息不對稱等問題的存在，企業必須制定財務治理機制來調節和控制各項財務活動、協調委託代理關係，實現財權配置的均衡；並使財權配置落到實處，不斷促進財務治理結構的完善。

「機制」一詞，原指機器的構造和運作原理；在經濟學中，「機制」被認為是系統各要素之間的相互作用和相互關係。財務治理機制是在財權配置的基本框架下，依據財務治理結構，形成一種自動調節企業財務治理活動的經濟活動體系[①]。財務治理機制就是要保持公司財務治理效率，在治理中施行一系列政策和措施，保證企業財務治理在不斷變化、不斷整合、不斷演進的動態制衡之中實現均衡。財務治理機制具有財務活動調節的宏觀性特點，並受到公司治理的直接影響和制約。一般來說，公司治理是直接治理和間接治理的有機結合。直接治理側重於科學決策，主要是以經營者為核心建立的科學決策機制；間接治理側重於制約，主要是建立有效的激勵與監督機制，通過有效的財務激勵、約束手段，協調企業所有者與經營者之間的委託代理關係的一種機制。所以，財務治理機制主要包括財務決策機制、財務激勵機制和財務約束機制。

在財務治理框架之下，財務決策機制是對企業重大財務決策行為的引導和規範，其中決策的內容主要是涉及企業重大財務決策，而不涉及日常財務管理中的具體財務決策。財務激勵機制是利用財務激勵手段，協調各利益相關者之間的權利關係，激發並調動其參與治理和經營的積極性，達到提高企業價值的一種機制。財務激勵機制是財務治理的動力所在，是促使各利益相關者行使權利並承擔義務的調節手段，對財務治理機制發揮整體效應具有重大影響。財務約束機制主要是對各利益相關者的行為進行有效的約束，防止由於權力失衡而導致財務治理效率的降低。需要說明的是，財務激勵機制和財務約束機制是相輔相成的，兩者共同形成了激勵與約束相容的機制。如果只有一方，沒有另一方與之相配合就難以起到財務治理應有的效果。

---

① 衣龍新. 公司財務治理理論 [M]. 北京：清華大學出版社，2005：185.

6.2 虛擬企業的財務治理

傳統企業僅利用企業內部的有限資源，通過市場交易來相互聯繫。而虛擬企業使各個獨立的企業組成了一個動態的企業網絡，在這個網絡中，企業在利用市場交易實現資源配置的同時，還可以通過各成員企業之間的非正式約定，利用合作企業的資源。這樣虛擬企業就跨越了科斯的企業邊界理論，將屬於其他企業的外部資源納入自我發展的軌道，擴大了單個企業可利用的資源範圍，使其邊界越來越模糊。虛擬企業提供了一種無限利用或共享跨邊界資源的組織架構，而組織結構直接影響到公司財務治理的有關安排。所以，虛擬企業特殊的組織特性賦予財務治理更多的內涵。

6.2.1 虛擬企業財務治理具有層次性

傳統企業僅針對企業自身的財務治理問題進行分析；虛擬企業打破了傳統的企業邊界，形成一個企業集合，它的財務治理與傳統企業相比，更為複雜。根據治理活動的不同，虛擬企業財務治理可以分為成員企業財務治理和虛擬企業整體財務治理兩個層次。

成員企業擁有獨立的產權，但又是虛擬企業中的一員，其財務治理必然受到其他成員企業的影響，所以其財務治理與傳統企業的財務治理略有不同。在虛擬企業中，成員企業之間相互依賴、相互影響，各成員企業只有融入整個虛擬企業的網絡中才能謀求更好的發展。如果財務治理中忽視其他成員的意願和利益，那麼企業就可能淪為「孤島」。所以，成員企業財務治理除了具備傳統企業財務治理的特徵外，還需要處理與其他成員企業的財務關係，體現共同治理的特點。

虛擬企業整體財務治理主要是處理參與虛擬企業契約的成員企業之間權利與義務、風險與收益的制度安排，這一層次的財務治理是與傳統企業相比最為明顯的區別。雖然傳統企業中也存在一家企業通過投資直接或間接控制其他企業形成企業集團，但這個企業集合中各企業的關係是以產權為基礎，如果沒有控股權，合作關係就會削弱甚至解體。企業集團對其子公司的控制是通過傳統的法人治理結構來實現的，並不需要

為了企業之間的合作達成「集體契約」。相反，虛擬企業之間的合作卻超越了企業的產權邊界約束，是以成員企業之間的「集體契約」為基礎的，形成成員企業之間的合作。成員企業間不存在凌駕於以產權為基礎組織權力的控制，締結的「集體契約」是成員企業利益均衡的產物。虛擬企業之所以不同於企業集團，關鍵不在於它以成員企業間的互利為目的，而在於它找到了成員企業間合作的制度基礎。因此，這一層次的財務治理是虛擬企業財務治理體系中最為重要的環節，它格外關注各成員企業之間的財務協調效率。

6.2.2 虛擬企業財務治理具有動態性

虛擬企業是通過一定的契約安排把各成員企業結合在一起的，這些契約安排包括外包（如虛擬生產）、合作協議（如虛擬銷售）、聯盟（如技術聯盟）等多種形式。威廉姆森（Williamson）提出區分不同交易的三個維度，即資產專用性、不確定性和交易頻率。對企業而言，它與外包夥伴、合作協議夥伴、聯盟夥伴的交易在資產專用性、不確定性和交易頻率上存在一定的差別，分屬不同的交易類型[1]。對於不同的交易應採用不同的合作方式，才能實現交易成本最小。按照交易成本最小化原則，虛擬企業的合作關係應針對不同的交易採用多元化的治理結構，具體治理結構選擇見圖6-1。

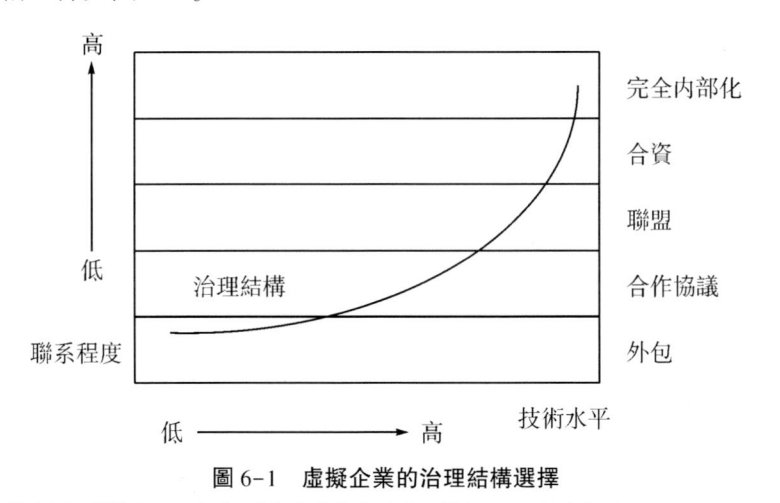

圖6-1 虛擬企業的治理結構選擇

資料來源：楊偉文，鄧向華. 虛擬企業的公司治理研究[J]. 經濟管理，2002（4）：29.

---

[1] WILLIAMSON O E. The Economic Institutions of Capitalism [M]. New York: Free Press, 1985.

由於虛擬企業中的核心企業涉及的合作對象範圍最廣，所以選用核心企業為例來說明虛擬企業財務治理結構的選擇。如圖6-1所示，核心企業可以根據產品技術水準的高低採取不同的契約安排。對於技術水準較低的產品，核心企業可以充分利用外部資源，將這部分產品外包出去。在這個階段，核心企業與外包企業之間保持鬆散的聯繫，它們之間的聯繫隨著技術水準的提高，增長很慢，該區域的治理結構曲線相對比較平滑。對於技術含量較高的產品，需要根據資產專用性的高低、不確定性的程度和交易頻率的大小來安排相應的契約。從合作協議到完全內部化，核心企業與合作夥伴的聯繫程度逐漸增強，該區域的治理結構曲線相對比較陡峭。由此可見，根據合作聯繫的程度不同，合作夥伴會以利益相關者的身分在不同程度上參與公司治理，也說明虛擬企業的治理結構選擇是一個動態變化的過程。此外，虛擬企業的治理演化過程是通過對合作關係的持續優化而實施的，核心企業對於合作夥伴的選擇具有充分的自主權，一旦互利的基礎消失，合作關係就可以解除，不存在制度、法律上的約束。對成員企業的剔除是對合作關係和合作方式的淘汰、企業結構的調整；反之，吸收新成員企業也是對合作關係、合作方式、企業結構的改進，這種根據內部條件和外部環境的適時調整需要動態的治理機制作為制度保障。基於以上兩點，虛擬企業治理是一個動態的過程，而財務治理可以看作是公司治理的一個表現方面，所以虛擬企業財務治理結構也具有動態變化的特點。

6.2.3 虛擬企業財務治理具有網絡化特徵

虛擬企業各成員企業之間的合作是以市場交易而不是以產權結合為紐帶，成員企業之間的利益協調是通過平等協商解決，不存在形成共同的權力中心。虛擬企業中雖然也存在權力中心，是由各成員企業參與虛擬企業之前的產權狀態決定的，但虛擬企業有多少個成員就有多少個權力中心，各個權力中心互不相屬。只要虛擬企業進行正常的生產、經營活動，就會涉及財務活動、財務關係的相互配合，這就需要各個權力中心實現財權的協調配置。虛擬企業「天生」的組織特性，賦予了其財務治理的網絡化特徵。

傳統企業通過股東大會、董事會、監事會、企業科層組織來體現對財務治理的有效安排，這些機構構成了企業的內部治理，對企業事務有

直接的、決定性的影響。顧客、客戶、供應商等利益相關者則被排斥於企業財務治理結構之外，只能間接地施加影響。而虛擬企業消除了傳統財務治理模式中內部治理和外部治理的界限，構造了網絡化的財務治理模式。從虛擬企業的整體來看，成員企業間的聯合併不是以產權為基礎組織起來的，這就從根本上否定了以產權作為參與虛擬企業治理的權力基礎。顧客、客戶、供應商只要能夠並願意參與集成生產能力、培育核心競爭能力，就能夠參與虛擬企業的財務治理。他們在虛擬企業財務治理中的作用決定於其在市場競爭中的地位和培育整體核心競爭能力所提供的貢獻，以及承擔的風險。

此外，虛擬企業中各成員企業通過信息網絡相聯結，改變了信息傳遞和溝通的方式，使得遠程處理財務數據和控制財務活動成為可能。人們可以通過召開網絡會議等形式，保證各利益相關者不受時空限制、實質性地參與財務治理。同時，各成員企業、客戶、供應商可以通過網絡系統的平臺，形成一個利益共享的價值鏈體系。在這個體系中，各方均構成了整個網絡體系中的節點，任何一個節點的財務決策都可能對其他各方造成重大影響。在這種情況下，必定會增加客戶、供應商參與虛擬企業財務治理的積極性，由此形成一個網絡化的財務治理結構。

6.3 虛擬企業財務組織結構安排

財務治理結構包括財務資本結構安排和財務組織結構安排，但虛擬企業是一個企業集合體，它本身不存在資本結構問題，為此，本書僅研究虛擬企業的財務組織結構。從財務治理角度來看，虛擬企業財務組織結構安排就是按照所有權的安排邏輯，在界定虛擬企業內部財權關係的基礎上，合理安排各個財務制度安排主體的權利範圍，便於財務制度的有效實施。虛擬企業在設計自身財務組織結構時，除體現虛擬企業財務治理的特點外，更要著重考慮財權配置的框架，以實現權利的相互制衡並發揮最大的作用。

具體而言，財權配置框架可分為兩大部分，一是財權的初始配置，即企業財權的內外部配置與制衡；二是財權的二次配置，即財權的內部配置與制衡。虛擬企業財權內外部配置與制衡體現的是核心企業與外圍

層企業、債權人等之間的權利平衡。核心企業依據在虛擬企業中的主導地位，利用信息優勢維護自身的權利，屬於優勢行權者，財務決策權等往往掌握在其手中。而外圍層企業、債權人等相關者對企業財權也有訴求，由於受信息等因素的限制，其權利請求與實現形式是相對被動的，一般主要從制衡方面要求並取得財務監控權，從而實現對虛擬企業財務決策的參與和有效監督。虛擬企業財權內部配置與制衡是財權配置在核心企業內部的延伸，主要包括財務集權與分權和財務分層兩方面的問題。目前，西方學者提出了一系列關於組織設計的理論，他們以信息及其比較成本為研究主線，主張通過設計合理的企業組織方式和管理結構來減少內部各部門監督矛盾與衝突，這也為財權配置中的集權和分權問題研究奠定了理論基礎。通過不斷的研究，Radner（1993）發現當採用將內部組織所需信息整合到一個或多個同一部門同時處理，即信息的平行處理（Parallel Processing），可以減少一定因信息拖延而造成的機會成本，如果減少的拖延機會損失大於信息處理成本，組織適宜採用集權方式；反之，平行處理所減少的拖延機會損失小於信息處理成本，則適宜採用相對分權方式[1]。從組織理論進一步拓展，我們可以認識到財權配置集權、分權的程度取決於信息成本等方面的權衡，最終是為了尋求一種綜合信息成本最低的配置方式。事實上，核心企業是由一個或多個企業構成，它們居於虛擬企業的中心地位，可以憑藉便捷的信息網絡快速溝通；同時財務作為一種價值運動，集中運作的難度相對較小，這為虛擬企業財權集權運作提供了條件。在財務實際操作中，各虛擬企業由於自身規模的變化、所處生命週期階段的不同、財務戰略的差異等多方面原因，可能會採取不同的財務配置方式，調整集權分權的程度，以適應企業發展的需要。此外，還需考慮財務分層。財務分層主要是從不同財務主體角度縱向對企業財權的劃分。虛擬企業不同於傳統企業的組織結構，不能簡單地劃分為幾個權力層次。虛擬企業是一種短暫性的組織，不適合使用較為繁雜的財務組織結構，因此，我們應該依據虛擬企業的特點和組織模式設計出有效、合理的財務組織結構。

　　承前所述，根據組織結構的不同，虛擬企業可以分為三種模式。但

---

[1] RADNER. The Organization of Decentralized Information Processing [J]. Econometrica, 1993: 61.

在實際中很少存在理想化的平行模式，故在下文中主要分析星型模式和聯邦模式的財務組織結構。

6.3.1 星型模式的財務組織結構安排

星型模式是有盟主的虛擬企業，它只有一個核心企業，即盟主。盟主企業負責制定虛擬企業的運行規則、經營方向和戰略、協調成員之間的關係。盟主企業根據自身對相關的知識、技能、資源的需要，分別與各個夥伴企業簽訂契約，構建虛擬企業。在虛擬企業中，盟主企業在組織結構中作為規則的制定者，其管理當局扮演著核心角色，而其他合夥企業則組成外圍層企業，具有較大的流動性，它們隨時可能根據虛擬企業的決策需要發生改變。所以，盟主企業只要與外圍層企業保持鬆散的聯繫即可，與它們共享有關信息，並使它們在較低程度上參與盟主企業的財務治理。換句話說，外圍層企業可以對盟主企業的決策提出建議，但不擁有決策權。為此，星型模式的財務組織結構安排應依託於盟主企業的財務組織結構，在其基礎之上進行擴展，從而實現虛擬企業的財務治理。

在我們看來，股權是企業中唯一的權力源，其他內部管理權力都是它的派生物，因此離開股權很難談得上組織設計和財權劃分（王斌，2001）。依據這一原則，虛擬企業的財權配置也是源於股權。虛擬企業是企業的集合體，各企業之間的聯結依靠協議來維繫，所以虛擬企業並不存在自身的股權。而盟主企業在虛擬企業中居於核心地位，所以星型模式下財權配置的源泉在於盟主企業的股權。星型模式財權配置的基本框架如圖 6-2 所示。在此框架內，虛擬企業享有的「企業財權」主要通過盟主企業的股東大會行使，並主要由財務決策權、財務收益分配權、財務監督權構成。其中，財務決策權是財權配置的重中之重，構成了企業財權的主體部分，並形成股東大會—董事會—經理層依次授權的主線；財務收益分配是維繫虛擬企業生存的根本，為保障虛擬企業的整體利益，盟主企業的股東大會在行使財務收益分配權時，不僅要考慮盟主企業股東的利益，還要兼顧外圍層企業的利益；財務監督權主要體現為財務過程監督和財務結果控制，由盟主企業形成的內部監控和外圍層企業參與形成的監督委員會下的外部監控兩大體系來行使，以此充分保護虛擬企業各個利益相關者的基本權益。

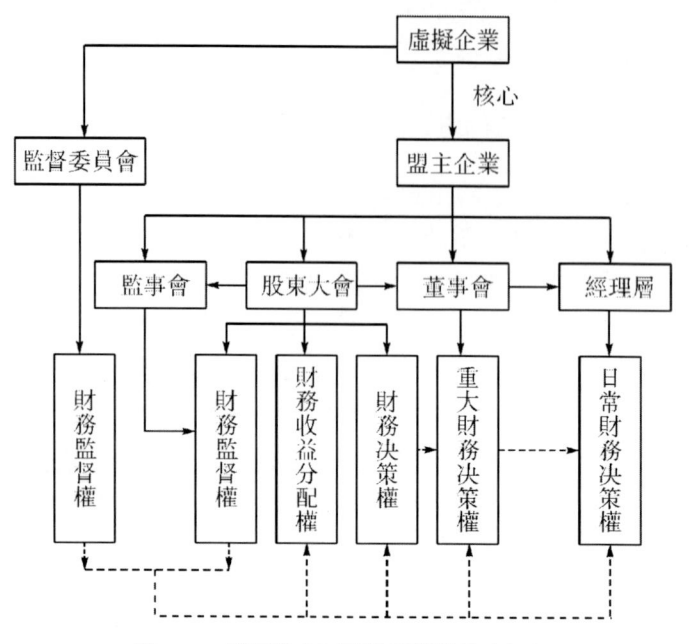

圖 6-2　星型模式下財權配置的基本框架

1. 盟主企業股東大會的財務組織安排

在理論上，股東大會是公司最高的權力機構，其組織安排也在財務組織結構安排中處於基礎地位。股東大會通過財務組織安排對企業財權進行配置，主要採取對董事會、監事會授權的形式構建企業內部初步的財務權利配置格局，實現對企業的初步治理。而盟主企業一則作為具有獨立法人資格的企業，二則作為虛擬企業中的主導企業，這種雙重身分使得盟主企業的股東大會除了行使傳統企業股東大會所具有的職權外，還要強調盟主企業參與虛擬企業所具有的特殊的財權安排。本書僅對後者進行探討。

按照《中華人民共和國公司法》，股東大會具有法定的職權和程序。一般來說，股東大會召集、股東大會議事規則、股東大會的表決方式等方面對股東大會治理功能的發揮起著決定性作用，從而影響著企業財權配置效率。從股東大會的召集來看，除了法定要求召開股東大會外，還可以根據具體情況召開臨時股東大會。虛擬企業的運行條件極富複雜性，面臨的情況隨時可能發生變化，為了敏捷地應對，這時股東大會的召集權力就變得非常重要。因為這一權力的歸屬關係到能否召開股東大會、

能否有效保護股東利益、能否保證虛擬企業正常運行等。原則上,股東大會應當由董事會召集,此外,還可以依股東或監事會的申請召集或依據法院決定召集。可以看出,盟主企業的董事會、監事會在召開應對虛擬企業緊急事件的股東大會中起著重要作用。這就要求董事會、監事會要行使要各自的職權,能夠通過各種渠道發現虛擬企業運行中出現的異常情況,並及時提出申請召開股東大會。倘若召集權力不能有效行使,股東大會不能及時召開,必將影響股東財務決策權的有效行使,從而降低股東大會的治理效率並影響虛擬企業的有效運行。

股東大會議事時,一般由董事長主持,這符合股東大會基本運作規則,是董事會擔任主要召集人資格的一種職責的延伸。會議主持人的位置非常重要,其能夠把握會議進程、引導表決事項,可以對股東大會決策結果產生直接的影響,進而影響股東大會財務治理功能的發揮。通常情況下,盟主企業的董事長能夠基於市場機遇,為了維繫虛擬企業的生存,全面把握虛擬企業運作的基本命脈,全面衡量各方利益並做出利於虛擬企業發展的決策。為保證股東大會議事效率,股東大會提案一般由董事會、大股東等提出,由董事會審議後列入股東大會表決議案,並將其內容予以充分披露。而敏捷性是虛擬企業的主要特徵,如果有關重大財務決策不能迅速達成一致,很可能貽誤時機,給虛擬企業和盟主企業均造成不必要的損失。因此,可以適當放寬提案程序,針對緊急事項可以增加臨時議案,這有利於高效發揮股東大會的治理功能並及時解決財務決策。

議案被提出後就需要股東大會對議決事項做出表決。股東行使表決權是股東決定重要事項的保證。從財務治理的角度來看,股東大會表決權控制著企業財權,並直接決定財務決策權、財務收益分配權和財務監督權。可以認為,股東大會表決權是權力分配的基礎,影響著財權的層次配置。具體而言,股東大會的表決權主要包括表決方式、計票原則、計票規則等方面的工作安排。由於投票表決方式通常具有一定規則,並有明確的決議通過標準和精確的計票方法,相對比較科學、公正,因此,大多數公司採用投票表決方式。計票原則上秉承了當今世界各國的通用做法,採用「一股一票」原則,這種計票原則無形中增加了大股東排斥乃至剝奪中小股東表決權的可能。與此相應,就需要對股東大會的表決進行監控,可以允許中小股東對某些表決事項向股東大會提出申訴,由

股東大會進行縝密考慮後再予以處理，這樣可以保護中小股東的利益，真正發揮股東大會應有的財務治理功能。計票規則起著保持股東大會表決權基本分佈於股東利益之間的均衡作用，對於股東大會發揮其治理功能具有深刻影響。股東大會計票規則有多種，如多數通過、最多票通過、累計投票制等。股東大會依據不同的情況選擇適宜的計票規則，無論選擇何種方法都要反應各類股東的意願，保護其合法權利，以提高決策效率，實現財權的合理配置。

2. 盟主企業董事會的財務組織安排

董事會進行的財權配置是虛擬企業財務治理中的重中之重，董事會的組織安排也就相應成為財務組織結構安排及財務治理結構的重心所在。盟主企業董事會是虛擬企業的實際權力機關，掌握著企業主要財務權力；在享受權利的同時，也要承擔相應的責任，如有效行使權利、提高財務治理效率等。提高董事會治理效率的必要前提是界定董事會的基本職能，並使其發揮有效作用。從財務治理的視角來看，除《中華人民共和國公司法》等相關法律對董事會的基本職能進行明確規定外，董事會基本組織模式的選擇、董事會內部結構安排等方面也間接確定了董事會的基本職能（衣龍新，2005），對發揮董事會的財務治理效率具有實質性的影響。本書在此僅對盟主企業董事會的基本組織模式、內部結構安排兩方面進行探討。

（1）董事會基本組織模式的選擇。

由於價值取向不同，公司治理模式也存有差異，與此相應，董事會的基本組織模式也有所不同。一般而言，主要分為「單層制」和「雙層制」兩種。不同的董事會基本組織模式對其財權配置有很大影響，產生的財務治理效果也不盡相同。

單層制董事會主要通過股東大會選舉產生，具體由擔任公司高層管理人員的執行董事和不擔任公司高層管理人員的非執行董事組成。單層制董事會將企業財權主要集中在董事會，通過下屬執行委員會、審計委員會等專業委員會行使企業財務決策權、財務監督權、財務收益分配權等。這種設計模式有利於加強董事會財務控制能力，提高企業財務決策效率；但這種模式也有其局限性。由於單層制董事會主要立足於股東，將企業的相關財權集中行使，並未充分考慮債權人、公司員工及利益相關者的財務制衡作用，容易形成「內部人控制」，從而在一定程度上影響

財務治理效率。而雙層制董事會則分兩個層級進行考慮，先是由股東大會選派部分代表與職工代表等組成地位較高的監督董事會，再由監督董事會產生管理（執行）董事會，其中監督董事會全部由非執行董事會組成，執行董事會全部由執行董事組成，兩部分人員通常不相互交叉。這種董事會的設計模式強調「共同治理」，它將企業主要的財權集中在地位較高的監事會，在保留財務監督權的基礎上，將企業財務決策權授予執行董事會。這一模式雖然強調了財務監督的重要性，有利於減少「內部人控制」，但是不利於提高財務決策效率。

　　虛擬企業是一個包括多個主體的利益共同體，其財務治理是用來協調各主體的利益關係的，以最終保護各方面的利益，因此，虛擬企業要體現「共同治理」的思想；同時，敏捷性是虛擬企業的精髓所在，它需要從各個方面進行快速反應，財務治理也毫不例外，這就需要強調高效的財務治理。我們可以使盟主企業的董事會、監事會全部由股東大會選舉產生，並作為兩個並列的機構。在形式上，監事會享有股東大會授予的財務監督權等職權，同時被賦予在某種特定情況下可以提議和召集股東大會的權力，因而，在這個意義上，盟主企業董事會基本組織模式形式上接近於雙層制董事會。但是盟主企業監事會成員一般來自股東提名或職代會推舉，通常是公司經理層管理下的職員，其監督獨立性受到一定程度的影響，公司的財務決策權等重要財權還是集中在董事會和經理層手中。在此意義上，董事會的基本組織模式更接近於單層制董事會。可見，這種董事會組織模式的設計是一種混合模式。它一方面借鑑「雙層制」董事會模式，強化監督職能；另一方面借鑑「單層制」董事會模式，提高決策和應變能力。

　　（2）董事會的內部結構安排。

　　董事會內部結構是基於董事會基本組織模式並依據公司實際狀況而形成的董事會內部具體構成。董事會的含義可以從多角度理解，理論上一般認為，董事會結構主要表現為兩方面：執行董事與非執行董事比例構成和董事會內部的職能分工結構（孫永祥，2002），這兩方面對提高董事會治理效率非常重要。

　　執行董事與非執行董事的比例顯示出公司董事會中兩類董事的基本力量對比，表明公司治理的價值取向，直接關係到財務治理效率的高低。特里克爾（Tricker，1994）根據非執行董事所占的比例將董事會分為四

種類型：一是全部由執行董事組成的董事會，每位董事都參與經營管理，企業經營管理權力較為集中；二是主要由執行董事組成的董事會，非執行董事僅占少數，只起到一定監督平衡作用；三是主要由非執行董事組成的董事會，強調非執行董事參與企業經營決策作用，以加強董事會經營管理能力；四是雙層委員會結構，公司董事會分為監督董事會和管理董事會，監督董事會對管理董事會的經營管理行為進行有效的監督。這四種類型分別代表了董事會治理的基本導向，會產生不同的治理結構。一般來說，非執行董事主要在董事會中起到財務監控、制衡的作用，以減少「內部人控制」現象、保護各權益主體的利益。盟主企業可以加大非執行董事的比例，從其他核心夥伴中引入相關專家、管理人士等，從而優化董事會結構、提高董事會的質量加強財務決策。但是非執行董事也有其局限性，他們不能投入全部的精力和時間，有時他們作為公司「外部人」，在「信息不對稱」的條件下影響其決策的合理性。所以，只有適度比例才能得到理想的財務治理效應，這就要尋求董事會比例構成上的均衡，在加強制衡的同時避免決策的不合理。

　　職能分工結構主要是基於董事會內部職能分工角度，在董事會內部劃分出具體的幾個專業委員會而形成的組織結構。從治理角度，專業委員會起到財務決策、制衡與監督作用。星型模式的公司治理結構中，盟主企業的董事會處於領導地位，其戰略管理與決策職能被強化，其他夥伴企業的公司治理依據盟主企業董事會的有關決策，形成開放式的決策體系，實現了共同治理模式。特別是夥伴企業，其利益完全由董事會來保障。決策中心是董事會的核心，負責董事會的有效運作並保證其能夠科學決策，實現協作創新的目標，保證各方利益。通常，決策中心負責召開董事會，擁有整個虛擬企業的最終決策權，其下可以設置技術委員會、合作夥伴關係協調委員會、提名委員會、執行委員會、審計委員會、薪酬委員會等。其中，技術委員會可由虛擬企業的技術專家組成，對創新中出現的技術難題進行攻關，評價技術創新的價值，參與技術創新活動的決策，並從技術方面向決策中心提供建議與諮詢；提名委員會負責推薦董事會成員與高級經理人員；合作夥伴關係協調委員會主要由夥伴企業的相關人員組成，負責調整與劃分合作夥伴的層次，與合作夥伴進行不同程度的信息共享。執行委員會、薪酬委員會、審計委員會主要對企業財權進行具體分享與再配置，並專門負責某一治理方面。執行委員

會享有主要的財務決策權，審計委員會享有財務監督權，薪酬委員會還享有部分財務收益分配權。執行委員會、審計委員會和薪酬委員會對財務治理非常重要，執行委員會的決策效率直接決定了虛擬企業財務治理效率，審計委員會財務的監督有效性直接決定虛擬企業財務監督權配置效率的發揮。其他專業委員會治理行為也會對公司財務治理產生一定影響，如提名委員會的人事治理，一般在人事調整的同時時常伴隨著財務戰略轉變和財權的重新配置。

3. 虛擬企業監督委員會的財務組織安排

在實踐中，盟主企業監事會的內部監督常常流於形式，很難形成對董事會、經理層的有效監督。為了保障虛擬企業各利益相關者的利益，虛擬企業還要設立監督委員會從盟主企業外部加以監督。虛擬企業監督委員會的成員可由虛擬企業各成員企業選派人員參加，立足於虛擬企業的整體利益，對盟主企業做出的決策進行監督。從財務治理的角度來看，這種內外監督可以有效防止盟主企業為了自身利益而制定出有損虛擬企業或成員企業的財務決策、利益分配方案等。

盟主企業監事會的財務組織安排主要側重於對盟主企業的財務監督，治理目標較為單一明確，內容並不複雜；盟主企業經理層的財務組織安排與傳統企業類似，內容和財務管理範疇的部分內容重疊較多，並且比較繁雜，故本書對這兩部分內容不做具體討論。

6.3.2 聯邦模式的財務組織結構安排

聯邦模式是虛擬企業一般意義上的、通用的組織模式。它是以若干骨幹企業構成核心層，根據項目、產品或市場機遇選擇合作企業形成外圍層企業。由核心層企業為主，並吸收由核心企業提議的其他重要合作夥伴共同建立協調指揮委員會（Alliance Steering Committee，ASC）。協調委員會將各合作夥伴的核心資源或核心能力集成在一起，以職能為中心分解工作任務，進而形成各任務模塊，如研發模塊、籌供模塊、生產模塊、行銷模塊等。各任務模塊間平等合作，共同完成虛擬企業整個任務流程。在運作過程中，協調委員會是虛擬企業的最高決策和協調機構，並扮演著行政支持中心、技術支持中心、法律支持中心、合作聯絡中心等多種角色。因此，聯邦模式的虛擬企業應以協調委員會為中心來實現其財務治理。聯邦模式財權配置的基本框架如圖6-3所示。

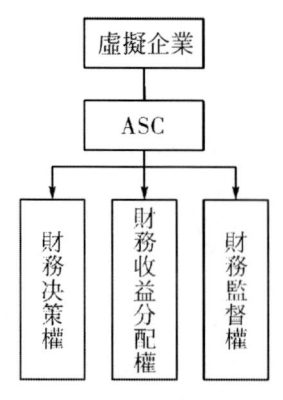

```
        虛擬企業
           │
          ASC
         ┌─┼─┐
         │ │ │
        財 財 財
        務 務 務
        決 收 監
        策 益 督
        權 分 權
           配
           權
```

圖 6-3　聯邦模式下財權配置的基本框架

　　ASC 行使虛擬企業的財務決策權、財務收益分配權和財務監督權，其中，財務決策權是財權配置的重要組成部分。在聯邦模式中，ASC 基於其所處的位置，「先天」具備行使財務決策權的權力，並授權核心層企業具有日常財務決策權。憑藉良好的網絡環境，虛擬企業的財務與業務實現一體化，從而使得 ASC 的財務戰略決策權得到進一步的增強。財務與業務一體化建設是一項系統工程，涉及整個虛擬企業的信息系統規劃，從戰略規劃上涵蓋了虛擬企業運行各環節的所有信息。在虛擬企業程序系統的控制下，信息系統高效、快捷的營運方式，使信息系統內部各個「點」「線」「網」實現自動的「觸發」式管理，數據自動更新。同時，信息系統可將過於具體、過分詳細的信息通過加工過濾形成能夠為虛擬企業提供指導整體運作和總體方向發展的有效的並具備洞察力的信息。ASC 通過信息共享和權限控制可以在「財務與業務一體化」系統中提升決策能力。ASC 可以借助現代化的企業管理信息系統，及時、有效地獲取有關核心層企業及外圍層企業營運的全方位的信息，從而為 ASC 有效履行決策權奠定基礎，並為提升決策力度提供強有力的保證。從財權配置的視角看，ASC 通過授權使核心層企業享有財務治理中的日常財務決策權，並需要其對整個虛擬企業的經營管理過程負責。在實際的營運過程中，核心層企業需要將這部分財權做進一步的分解，以滿足經營管理的需要。在網絡環境下，核心層企業可以借助信息系統實現財權的分解與集中，達到以權利賦予人、以責任要求人、以利益吸引人的激勵約束相融合的良性循環。隨著計算機和通信技術的不斷發展，信息系統對虛擬企業治理的支持作用越來越得到認可，且其內容也越來越豐富。ASC

的財務決策權和核心層企業的日常財務決策權都可以在信息系統的支持下實現分散環境的集中行使。

獲取財務收益是各成員企業參與虛擬企業的直接目的之一。在聯邦模式中，為了保障各成員的根本利益，ASC 作為協調者，是各成員企業的信任代表。財務收益分配權應由 ASC 直接行使，以免不當授權產生部分成員企業利益受損。ASC 應根據各成員企業的合作類型、緊密程度、貢獻大小等因素，制定合理、公允的利益分配模式。

財務監督權主要體現為對財務行為和財務結果的監控，以此充分保護虛擬企業內各成員企業的利益，所以，財務監控是虛擬企業必須高度關注的問題。基於虛擬企業的特性，ASC 行使財務監督權不僅包括事後監督，更強調事中監督和事前監督。虛擬企業借助通暢的信息系統，財務監督權的行使基礎得到進一步的落實。ASC 通過網絡系統可以即時分析各成員企業的財務狀況，並對各成員企業進行財務監控，實現提前預警。一旦成員企業發現財務問題，ASC 必須做出反應，否則將影響到虛擬企業的整體運行或核心層企業所在任務模塊工作的完成。ASC 可以通過核心層企業的支持，解決財務困境；如果財務問題嚴重，難以挽回，ASC 就必須考慮如何最大限度地降低損失；如果通過分析該企業已不再滿足加入虛擬企業的條件時，要適時考慮將其清算。此外，ASC 還要整合核心層企業間的資產資源，實現資金的合理利用，提高虛擬企業整體的財務效率。

虛擬企業是一種動態的、臨時性的組織結構，在實際中可能存在多種具體形態，需要我們根據具體情況設計其財務組織結構。財務組織結構的安排要體現各權利主體對財務權利的基本要求，實現財權的最佳配置。

6.4 虛擬企業財務治理機制

研究虛擬企業財務治理不能單純強調財務治理結構的概念和內容，而更應該涉及具體的治理機制問題。當虛擬企業內部發生衝突時，單純擁有完整的財務治理結構，是不足以協調虛擬企業內部矛盾的，還必須依賴於各種具體的治理機制。所以，有效的財務治理不僅需要一套完備

的財務治理結構，更需要若干具體的超越結構的財務治理機制。

按照虛擬企業財務治理的特點，虛擬企業需體現共同治理的思想，從這個角度探討財務治理機制為虛擬企業財務治理的研究提供了全方位的視角。虛擬企業財務的共同治理機制就是通過有效的制度安排使各財務主體都有平等機會分享財權，並能夠自動調節財務活動。具體而言，通過分享虛擬企業財務決策系統實現科學管理，引導並規範財務行為；通過財務激勵約束機制對財務權力配置原有格局進行重新調整，以協調各成員企業之間的關係。

6.4.1 共同財務決策機制

在虛擬企業中，衡量一個治理機制的好壞標準應該是如何使其最有效地運行，如何保證各成員企業的利益得到維護和滿足。各成員企業的利益都體現在虛擬企業之中，只有理順各方面的權責關係，才能保證虛擬企業的有效運行，而有效運行的前提是管理科學化、決策正確化。所以，虛擬企業的治理目的不是股東治理狀態下的股東與經營者之間的相互制衡，而是保證企業科學管理、正確決策，以維護各成員企業的利益。在財務領域，財務決策機制是財務治理機制的核心，它決定了財務活動的方向，對財務治理的實現具有重大影響。就虛擬企業的治理而言，共同財務決策機制效力的發揮要依據共同財務決策系統，而財務決策的層次也會影響調控效果的發揮。

財務決策機制發揮效力的基礎是具備健全的財務決策系統，財務決策系統主要是由決策者、決策對象、信息、決策的理論和方法、決策的結果五大基本因素所構成（宋獻中，1999）。虛擬企業財務決策的主體在不同組織模式下具體表現迥然不同。例如，星型模式虛擬企業應由盟主企業的股東大會或董事會體現虛擬企業決策意志，盟主企業的債權人、職工及夥伴企業對個別決策也有一定的發言權；聯邦模式中，ASC 體現虛擬企業整體的決策意志，其他外圍企業也有一定的發言權。無論是何種模式，虛擬企業是各成員企業的契約體，其財務決策一定是共同參與決策的結果。財務決策對象一般是涉及虛擬企業重大財務決策，如重大投資、籌資及資本重組等，還包括財務戰略的制定、財務政策的選擇等方面。財務決策所依據的信息可以來自內部和外部信息，來自虛擬企業外部的信息能夠幫助決策主體瞭解市場行情，有利於其依據市場做出重

大財務決策；而來自虛擬企業內部的信息是依靠網絡獲取所有成員企業的信息。只有佔有充分的信息才能制定出科學、合理的財務決策。財務決策的理論和方法與財務管理領域的理論、方法基本相同，只是前者更為強調邏輯推理和總體估計。財務決策主體針對財務決策對象、信息、有關的決策理論和方法必定得出財務決策的結果，這一結果應在虛擬企業內部具體貫徹執行，以有效約束財務行為。

虛擬企業的財務決策可以劃分為戰略性決策、戰術性決策和業務性決策三個層次。戰略性決策是關係虛擬企業財務運行和管理的整體性、長遠性和全局性問題。戰術性決策在虛擬企業財務決策中最為關鍵，它是為貫徹虛擬企業整體戰略而做出的戰略性安排，需要各成員企業大力協同、共同合作，在虛擬企業決策體系中處於承上啓下的作用。虛擬企業的戰術性決策往往採用群體決策模式，充分利用內部網絡系統、會議軟件等現代綜合信息技術，建立共同決策支持系統，由成員企業共同解決需要合作協同的策略性決策問題，從而保證決策的科學性。業務性決策一般是在各成員企業內部，它是為了完成其在虛擬企業中承擔的職能工作而做出的具體財務決策，這與傳統企業的財務決策問題十分相似，這種劃分有利於提高虛擬企業決策效率。

6.4.2 財務激勵機制

激勵機制是在組織系統中，激勵主體系統運用多種激勵手段並使之規範化、固定化，而與激勵客體相互作用、相互制約的方式、關係及演變規律的總和。由此，財務激勵機制是激勵主體利用有效財務激勵手段，協調各權利關係，激發激勵客體的參與積極性和工作熱情，達到提高企業價值目標的一種機制。虛擬企業是一種兩層結構的組織模式，包括核心層與外圍層。核心層是虛擬企業的關鍵，所以虛擬企業以核心層為激勵主體，以外圍層為激勵客體。虛擬企業財務激勵機制就是核心層通過理性化的契約來規範外圍層企業的行為，調動他們的積極性，以實現虛擬企業有效、有序的財務治理。虛擬企業的財務激勵機制一旦形成，就會內在地作用於虛擬企業系統本身，使虛擬企業的機能處於一定的狀態，進一步影響著虛擬企業的生存和發展。

虛擬企業財務激勵機制設計的出發點是滿足外圍層企業個體的需要，直接目的是為了調動外圍層企業的積極性，最終目的是為了實現虛擬企

業的整體目標，謀求虛擬企業整體利益和外圍層企業個體利益的一致。
虛擬企業財務激勵機制的運行模型如圖6-4所示。

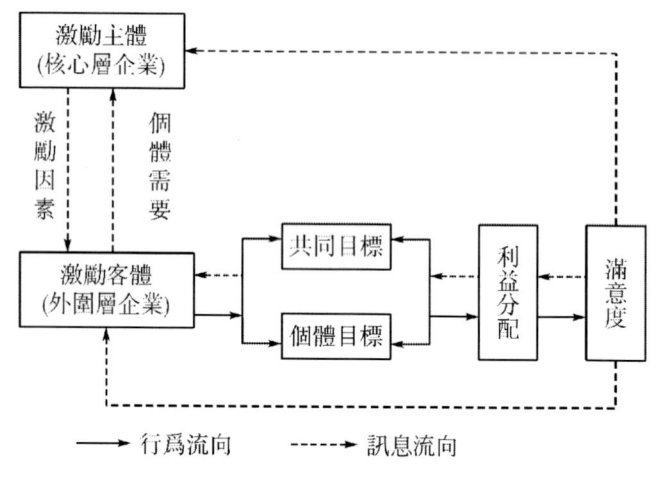

圖6-4 虛擬企業財務激勵機制運行模型

資料來源：包國憲．虛擬企業管理導論［M］．北京：中國人民大學出版社，2006：222．本書借鑑了此文獻，有刪改。

從運行模型中可以看出，虛擬企業的運行離不開溝通，溝通是虛擬企業財務激勵機制的「血液」，貫穿於虛擬企業運行的始末。激勵主體主要是盟主企業或ASC，它和激勵客體必須進行不間斷的溝通，使雙方達到一定程度的信息透明。激勵主體根據激勵客體的個體需要、核心能力等信息制定具體的財務激勵方法；激勵客體通過激勵主體的激勵產生強大的動機，並引發了個體行為。激勵客體行為的努力程度決定著目標的實現情況，目標包括虛擬企業的共同目標和激勵客體的個體目標。這兩個目標並不存在實質上的矛盾，兩者的利益基礎是一致的。根據目標的完成情況，激勵客體將按照預先的約定獲取相應的利益。激勵客體會將自己所分派的任務、承擔的責任與獲取的利益進行對比，兩者比較的結果會決定其滿意程度。滿意程度進而會對激勵主體和激勵客體的行為進行動態調整，這種財務激勵機制體現了虛擬企業的動態性，更能有效促進虛擬企業整體目標的實現。

在運行模型中，激勵因素具有重要作用，它是企業動力的促進劑，可以迎合外圍企業的需要，激發起工作熱情。激勵因素除利益激勵外，目標激勵、市場信譽激勵、信息激勵等內在激勵方式也在虛擬企業日常

運行中佔有很大比例。

1. 目標激勵

虛擬企業是以目標為導向的，虛擬企業的目標不是盟主企業或協調委員會自行、主觀制定的，它必須充分調動核心層和外圍層企業的積極性，它是在充分討論的基礎上將兩者聯合起來制定出來的。目標不是一成不變的，它會隨著虛擬企業各成員的實際情況及虛擬企業運行情況的變化進行調整。同時，契約是虛擬企業合作的基礎，虛擬企業各成員對目標達成的共識應該在契約中得以體現。制定目標後就進入目標實施階段，虛擬企業按照「目標—任務—成果」進行目標實施。其中，目標是動力來源，成果是最終目標，任務則是具體步驟。目標在轉化成相對具體的任務後，依據各成員企業的核心能力將每項任務分配給各成員。成果隨著各子任務的不斷完成而逐漸出現。成果實現後，要與最初設定的目標進行比照，並給予相應的獎懲。

2. 市場信譽激勵

在當今信息社會中，各企業越來越注重自身社會形象的打造。市場信譽高的企業更容易得到社會的尊重，在與其他企業的合作中更容易得到對方的信賴，獲得投資機會。虛擬企業作為企業集合體，各成員企業更需要良好的市場信譽。為此，虛擬企業一方面可以對各成員企業的市場信譽進行客觀評價，並將評價結果加以公布，並作為下次篩選成員企業的依據；另一方面，虛擬企業要適度地打造明星企業，給他們提供廣泛的公眾認可的形象，提高企業聲譽，這種方法對高素質的組織成員尤其有效。市場信譽激勵既有利於約束成員企業的短期行為，降低虛擬企業運行的道德風險；又有利於滿足成員企業的信譽要求，提高其積極性，以實現虛擬企業的目標。

3. 信息激勵

虛擬企業是扁平型的組織結構，網絡技術發達、信息傳遞速度較快。但是，信息傳遞與共享是一個包含多環節的過程，在信息傳遞過程中，不同的環節所接受的信息也不同，其相對重要性也存在差異。因而，在信息傳遞過程中享有的地位也是一種激勵組織成員的因素。在信息傳遞過程中，處於重要地位的組織成員，不僅可以享受較多的信息報酬，而且還有較強的成就感。因此，虛擬企業應該強調各成員企業在信息傳遞過程中的作用，可以組織不同環節上的組織成員進行交流，形成互動。

這既有利於資源共享，也有利於增強組織成員之間的凝聚力。可以說，信息激勵機制在某種程度上縮小了合作夥伴之間的信息不對稱，增強了企業之間的合作信任，從而促使虛擬企業目標的實現。

6.4.3 財務約束機制

激勵與約束是一個問題的兩個方面，有效的內部約束是發揮激勵作用的前提條件，倘若沒有有效的權力制衡和監督，激勵的作用就會大打折扣，甚至完全喪失。財務約束機制主要是對各成員企業的財務行為進行有效約束，防止權力失衡而導致治理效率降低。按照約束財務行為的過程，財務約束機制可以分為事前制衡、事中督導和事後懲罰三個階段。只有這三個約束都發揮效力並有效銜接、充分結合才能得到應有的約束效應。事前制衡體現著財權分配方面的制衡，防止某一成員企業權力過度膨脹而不受約束，以避免其他成員企業利益受到侵害；事中督導是虛擬企業中的盟主企業或協調委員會對成員企業的財務行為進行直接指導和約束；事後懲罰則是對不接受並惡意擺脫財務約束的成員企業給予懲罰，要結合其行為的越權程度和所造成的不良後果確定懲罰力度。

7 虛擬企業財務制度安排的案例分析

網絡經濟時代、計算機技術和網絡技術的迅猛發展為虛擬企業提供了良好的技術支持，並使虛擬企業成為許多企業的新選擇。本章透過實際案例，分析出虛擬企業財務制度安排的現狀，並提出中國虛擬企業財務制度安排應注意的問題。

7.1 成功案例——美特斯·邦威的成功之路

美特斯·邦威始建於 1994 年，主要研發、生產、銷售休閒系列品牌服飾，產品有九大系列近千個品種。在中國服裝行業，美特斯·邦威最早採用虛擬經營模式。1995—2016 年，銷售額從最初的 500 萬元增長到 65 億元[①]，在二十年間把規模爆炸性地做大了 1,300 倍，在國內服裝業率先走出了虛擬經營的成功之路。

7.1.1 美特斯·邦威的虛擬經營模式

1994 年，周成建從溫州妙果寺服裝市場裡一個前店後廠式的服裝攤起家，創建了美特斯·邦威。當時，周成建資金實力不足，而市場規模卻在急遽擴大，企業面臨著在資源有限的情況下如何發展的問題。他意識到自己資本有限，不能像傳統企業一樣採取「大而全」「小而全」的

---

① 數據來源於美特斯·邦威官網 http://www.metersbonwe.com。

企業模式。經過考慮，周成建選擇了虛擬企業的組織模式，即把有限的資源都集中在研發和品牌兩個環節，而生產和銷售環節借助外部資源，採用外包和特許的方式運作。美特斯·邦威的虛擬經營模式主要體現在以下幾個方面：

1. 專注核心業務

虛擬企業是以優勢產品、技術或服務為核心的企業聯合。對休閒服飾企業而言，企業的品牌與設計是虛擬企業的關鍵功能。美特斯·邦威正是看到這一點，自創立開始就集中自己的優勢資源不遺餘力地投入品牌建設。按照創意制勝的思路，美特斯·邦威成功地進行了許多品牌推廣活動。針對目標顧客年齡在 18~25 歲的特點，美特斯·邦威先後不惜重金簽約郭富城、周杰倫、林志玲、潘瑋柏、Angelababy、李易峰，將他們作為自己的形象代言人，將其「不走尋常路」的企業經營理念演繹到了極致。此外，還採用媒體廣告、辦內部報紙、參加各種服裝展示會和商品交易會等多種宣傳方式擴大品牌知名度。

設計是服飾行業最重要的核心能力，也是服裝品牌的靈魂。1998 年，美特斯·邦威在上海成立設計中心，培育了一支具有國際水準的設計師隊伍，與法國、義大利的知名設計師開展長期合作，把握流行趨勢，形成了「設計師+消費者」的設計理念。公司領導和設計人員每年都有 1~3 個月時間搞市場調查，每年兩次召集各地代理商開會，徵求對產品開發的意見。在充分掌握市場信息的基礎上，每年開發出近千個新款式，其中約一半正式投產上市。

2. 非核心業務外包

美特斯·邦威將服裝生產業務進行外包，由全國各地廠家進行定牌生產。其先後與廣東、江蘇等地的 100 多家具有一流生產設備、管理規範的服裝加工廠建立了長期合作關係，形成了年產 2,000 萬件休閒服的生產能力[①]。如果這些企業都由自己投資，則需花費 2 億~3 億元。

在銷售網絡建設方面，美特斯·邦威採用特許經營的模式，充分利用美特斯·邦威的品牌效應，吸引代理商加盟，拓展連鎖專賣網絡。它通過契約的方式，將特許權轉讓給加盟店。加盟店加入連鎖系統後，要使用美特斯·邦威統一的商標、服務方式，並根據區域不同分別向美特

---

① 數據來源於 http://www.metersbonwe.com。

斯·邦威交納5萬~35萬元的特許費。為了保證虛擬銷售網絡的平穩發展，美特斯·邦威為各加盟店提供了強有力的支持。

3. 以信息系統為基礎平臺

2002年8月23日，來自國家科技部和清華大學、西南大學、浙江大學的教授組成的專家組來到美特斯·邦威，考察其電子商務的應用情況。令實地考察的專家組大感驚訝的是，在這裡已經看不到一臺縫紉機，而且竟然自行研究開發了包括ERP在內的全部信息系統。經過考察，專家組得出結論：在目前的國內企業中，美特斯·邦威在信息技術運用上已處於領先地位，真正把信息技術成功運用到了生產、管理、流通、銷售等各個環節。

7.1.2 美特斯·邦威的財務制度安排分析

美特斯·邦威創立之初，就拋開了傳統的投資方式，率先實踐虛擬經營管理理念。從取得的成績看，美特斯·邦威借助虛擬企業的組織模式走出了一條成功之路。在美特斯·邦威的成功運作中，我們不難發現財務制度安排已滲透於經營管理的各個方面。

1. 具有健全的顯性財務制度

（1）市場機遇識別與確定制度。

美特斯·邦威在投產營運之前，會進行市場機遇的識別，即根據國外和國內紡織業的需求量確定新的機遇。時尚變化迅速是紡織服裝產業的主要特徵。季節性服裝的銷售旺季很短，需要提高預測、備貨、生產等各個環節的效率，特別是減少庫存量、降低存貨成本。因此，首先要對紡織品特定價格下的成本、產品質量、交貨時間等進行描述；其次，對獲利性和風險性進行評估，以決定是否進行投產；最後，將研發的要求與自己具有的核心能力和關鍵資源做比較，來決定哪些環節由本企業完成，哪些環節需要外部企業配合完成。市場機遇識別與確定的過程對美特斯·邦威的前期財務行為進行了有效規範，避免投資決策失誤導致的損失。

（2）信息基礎設施的投資制度。

信息技術的有效運用是美特斯·邦威虛擬經營成功的基礎平臺和有力保障。美特斯·邦威根據生產管理需求，建設了先進、完善而又適用的管理信息系統，保證了各成員企業之間的溝通，強有力地支持了虛擬

企業的運作。美特斯·邦威的信息系統主要由三套系統構成。第一，製造商企業資源管理系統（MBFAC-ERP），這是美特斯·邦威站在合作生產的工廠角度，設計開發的專供工廠進行獨立管理的系統；第二，美特斯·邦威資源管理系統（MB-ERP），這是為了幫助企業做好品牌經營和整合社會資源的系統；第三，代理商企業資源管理系統（MBAGT-ERP），這是站在代理商的角度設計開發的，專供代理商進行獨立管理的系統。這三套系統相互配合，實現了交易網絡化、流程網絡化和智能化聯網生產。信息化建設是一項長遠而耗資的工程，美特斯·邦威為了獲取更高效的供應鏈管理，在建設信息基礎設施上協助製造商、代理商推廣、建立信息系統。美特斯·邦威在營運過程中，利用信息系統進行業務流程，在一定程度上，勢必要求製造商、代理商對信息基礎設施進行維護、升級。

（3）合作夥伴的選擇與評估制度。

質量是企業的生命。為了確保產品質量，美特斯·邦威制定了嚴格的廠家選擇標準和質量保證體系，對協作廠家實行績效評估，建立篩選更新機制，並派出技術組對合作生產企業進行指導培訓，派駐質檢部嚴把質量關。一般來說，美特斯·邦威的合作夥伴主要分為兩類：一類是生產工廠，這些工廠主要分佈在紡織業發達的江蘇和廣東；另一類是特許加盟的專賣店。前者主要保證貨源，增加產品的投放能力；後者主要是實現銷售收入，降低庫存成本。美特斯·邦威將可供選擇的夥伴分為兩組，針對不同的類別，採取不同的選擇方案，確定適合的合作對象。美特斯·邦威選擇的合作夥伴基本是具有一流生產設備的大型服裝加工廠，他們都通過ISO9000認證，並具有嚴格的質量管理體系、科學的管理方法。合作夥伴確定後，美特斯·邦威利用信息系統即時考核每個專賣店的銷售業績、顧客反饋情況，並針對相應情況做出獎懲。

（4）利益分配制度。

美特斯·邦威在管理上充分考慮到其他夥伴企業，充分保證加盟者的利益。一方面給生產商和銷售商各40%的利潤，自己僅拿20%；另一方面，採取下訂單付30%訂金、現款提貨的方式，得到保質保量和價格最優的商品。通過公平合理的利益分配，美特斯·邦威在經營中得到了各夥伴企業的大力支持。

（5）清算制度。

美特斯‧邦威是建立在市場機遇基礎上的動態聯盟。當專賣店無產品訂單時，美特斯‧邦威就與該專賣店按照事先約定的合作協議進行庫存等未了財務的清算，並明確有關產權的分享和剩餘責任的劃歸。

2. 注重隱性財務制度

（1）提升關係資本的價值。

關係資本價值提升的首要條件是加強相互交流與溝通，培育良好的夥伴關係。通過美特斯‧邦威的信息系統，實現內部信息共享和網絡化管理。美特斯‧邦威將所有合作夥伴都納入內部計算機網絡，可以通過網絡及時瞭解產品的庫存情況和新品上市情況，有效地進行貨源調配。總部可以及時收到全國各地專賣店的銷售業績，快速全面地掌握進、銷、存數據，進行經營分析，做出促銷、配貨、調貨的經營決策。龐大而先進的計算機網絡系統大大促進了夥伴間的交流與溝通，增強了虛擬企業整體回應市場的能力，提高了夥伴間的信任合作水準。此外，在生產營運中，美特斯‧邦威的有關人員與夥伴企業的協調代表組建了一個協調總部，該協調總部負責對虛擬企業的各項活動進行組織和協商處理，避免出現糾紛。通過各成員企業間的溝通、協調，可以穩固企業關係，有利於整合各種資源，提高市場競爭能力。

（2）培育財務文化。

培育財務文化的前提是文化的融合。美特斯‧邦威對所有加盟連鎖店實行「複製式」管理：強調管理文化嫁接，經營理念共享；做到「五個統一」，即統一形象、統一價格、統一宣傳、統一配送、統一服務標準。同時，總部在專賣店的經營中給予積極扶持，總部為各專賣店編製服務手冊，定期或不定期派銷售部人員到各專賣店進行培訓等，並為專賣店提供包括物流配送、信息諮詢、員工培訓在內的各種服務與管理，實現良好的文化交融。美特斯‧邦威通過各種文化融合活動，避免了文化衝突導致的管理混亂，由此形成了統一的價值觀、理財觀，以「非正式約束」的形式規範財務活動、協調財務關係。

3. 完善的財務治理機制

美特斯‧邦威實行的是星型模式的組織模式，它以美特斯‧邦威總部為盟主企業建立了有效的財務激勵約束機制。美特斯‧邦威派出專門的技術組對其合作生產商進行嚴格的全面質量控制，如制定標準及流程、

制定企業檢驗標準、根據標準及流程對關鍵點進行控制等。通過這種事中監督，美特斯·邦威對夥伴企業的財務行為進行了直接指導和約束。如果夥伴企業不接受財務約束，則給予相應的懲罰；如果夥伴企業配合得當，則給予相應的獎勵。財務激勵約束機制在一定程度上保證了財務制度的有效實施。

7.2 失敗案例——IBM 公司 PC 業務的興衰

IBM 公司由托馬斯·J. 沃森（Thomas J. Watson）於 1914 年創建於美國，是全球最大的信息技術和業務解決方案公司。在 IBM 的發展歷程中，個人計算機（PC）業務曾是 IBM 公司的重要標誌之一。但 20 世紀 90 年代以來，IBM 公司的 PC 業務受到了極大的市場衝擊，2004 年底 IBM 將除服務器之外的 PC 業務以 12.5 億美元的價格全部賣給了聯想公司，甩掉了 PC 業務。IBM 公司 PC 業務的興衰使我們看到財務制度安排的匱乏是影響虛擬企業順利運行的「瓶頸」。

7.2.1 IBM 公司的虛擬經營戰略

IBM 公司在 20 世紀 80 年代以前主要生產大中型計算機，並在計算機行業中處於領先地位。但 20 世紀 70 年代末，蘋果電腦公司飛速崛起，在 PC 市場上將 IBM 公司遠遠甩在後面。為應對蘋果電腦公司的挑戰，IBM 公司於 1981 年制定了「銀湖計劃」，決定在短時間內推出自己的 PC，奪回 PC 市場的領導權。為達到這一目標，IBM 公司採用了虛擬經營戰略：把 PC 的核心部件——微處理器委託英特爾公司生產，操作系統使用微軟公司的 DOS 系統，銷售方式也由直接銷售轉為獨立的特約商店銷售。通過虛擬經營戰略，IBM 公司僅用 15 個月就在市場上投入了第一臺 PC，3 年後 IBM 公司占據了 26% 的 PC 市場份額，超過了 PC 專業廠商蘋果電腦公司，成為最大的 PC 供應商[①]。IBM 公司所謂的虛擬經營戰略，其核心思想就是將自身某些職能環節虛擬化，利用和整合其他企業的資源為

---

① 鄔煉忠，王光慶．從 IBM 公司的故事看虛擬經營戰略 [J]．現代管理科學，2003（6）：30．

本企業產品生產和行銷服務。IBM 公司在計算機市場上成功地將業務重心從大型機轉向 PC 業務，充分顯示了虛擬企業模式的競爭優勢。

隨著時間的推移，IBM 虛擬經營戰略的缺點逐漸顯現出來。從產品的特點來看，IBM 公司的 PC 生產經營是一種「開放式」系統，即以廣泛使用的標準化部件為基礎，以強大的市場激勵來協調部件生產商和軟件商的關係。只要市場上的應用軟件和硬件能增加對 PC 的需求，這一開放式系統就可以與之兼容。而 IBM 公司沒能預見到它所採取的虛擬的開放式方法不能防止它所建立的個人電腦框架體系被人模仿。開放式的框架以及它的供應商所具有的自主權導致了設計上的一些分歧，同時也有一些可與 IBM 兼容的個人電腦製造商進入了這一市場。最初競爭者力求獲得與 IBM 框架的兼容性，但幾年後兼容機在這一行業已相當普遍。一旦這種情況發生，其他製造商可以從英特爾公司買到同樣的 CPU，從微軟買到同樣的操作系統，運行同樣的應用軟件，並且利用同樣的銷售網絡。這樣，IBM 幾乎沒有留下可建立其競爭優勢的任何東西。於是，IBM 公司在 PC 市場上風光了近 10 年之後已顯露疲態，優勢不再，市場地位一落千丈。1994 年，IBM 公司的股票價格下跌到了原來價格的一半，總市值損失了 250 多億美元。1995 年，IBM 公司的 PC 市場份額已滑落到了 7.3%，甚至落後康柏公司的 10.5%的市場份額[1]。

為保持技術上的領先優勢，IBM 公司決定提升個人電腦框架體系，為達到這一目的，IBM 公司有必要協調那些構成框架的相互聯繫的各種要素，也就是說要進行系統的技術性協調工作。然而，那些曾幫助 IBM 公司建立起原來的框架體系的軟件及硬件供應商們並沒有跟著 IBM 公司走。當 IBM 公司推廣它的 OS/2 操作系統時，它並不能阻止微軟推廣其視窗軟件，而且視窗軟件可以與原來的 DOS 操作系統兼容，這樣就極大地削弱 OS/2 操作系統在使用上的優勢。而其他軟件及硬件供應商們通過投資擴大了最初的個人電腦框架體系的應用範圍。如 1986 年英特爾幫助康柏公司領先 IBM 公司一步，當時康柏最先推出基於英特爾的 80386 微處理器的個人電腦，這與應用於 IBM 及其兼容機上的微處理器相比是一大進步。儘管當時 IBM 公司擁有英特爾 12%的股權，但它不能阻止英特爾

---

[1] 鄒煉忠，王光慶. 從 IBM 公司的故事看虛擬經營戰略 [J]. 現代管理科學，2003（6）：30.

與康柏之間進行的對IBM公司不利的合作。從這時開始，IBM就失去了引導個人電腦框架發展的能力。儘管IBM公司面對市場壓力努力進行調整，採取了各種措施，但仍然不能挽回頹局。

7.2.2　IBM公司的財務制度安排分析

IBM公司將英特爾、微軟、獨立經銷商的資源整合到一起為己所用，在短時間內確立了競爭優勢，但IBM公司PC業務最終卻宣告失敗。從IBM公司PC業務興衰的案例中，我們可以看出虛擬企業經營模式在提高應對技術和市場環境變化的靈活性的同時，也在某種程度上失去了一體化企業的制度優勢，即對虛擬企業中成員企業的協調和控制能力大大減弱。我們審視IBM公司PC業務的虛擬經營，不難發現在營運過程中缺乏對有關財務制度安排的考慮。

1. 顯性財務制度不健全

IBM公司PC業務失敗的直接原因是沒有建立全面、科學的顯性財務制度。IBM公司利用和整合其他企業的資源為本企業服務，採用虛擬經營戰略實現了自身對環境變化的靈活反應，在特定時期具備了市場競爭力。但經過一段時間，由於沒有對夥伴企業進行有效的財務約束，特別是缺乏合作風險的評估和控制，就暴露出經營管理的缺陷。在合作夥伴英特爾幫助康柏公司「偷襲」的情況下，IBM公司PC業務迎來了失敗。可見，沒有充分關注虛擬經營戰略內在的風險並進行有效的防控是其失敗的關鍵因素。虛擬企業的經營活動從依靠內部控制轉向依靠與其他企業之間相對短期、動態的合作契約。如果合作夥伴之間難以達成充分的信任，虛擬企業經營中就會存在現實或潛在的合作風險，從而威脅虛擬企業的延續和發展。

2. 缺乏對隱性財務制度的培育

隱性財務制度以無形的方式影響著各成員企業的財務行為，IBM公司在運行過程中忽略了這種軟約束。在合作過程中，虛擬企業內各成員企業要在合作範圍內共享彼此的內部信息。建立內部信息共享關係，就給夥伴之間的機會主義行為提供了條件。一方面，虛擬企業是企業間短期、動態的合作聯盟，在每個成員企業都從自身利益出發的情況下，極易誘發夥伴關係的破裂；另一方面，虛擬企業的動態性使合作夥伴必須經常面對合作失敗的可能，一旦虛擬企業解散，就可能導致企業關鍵信

息和知識的泄漏,使核心企業或成員企業陷入困境。IBM公司在虛擬經營過程中,忽視了夥伴之間的機會主義行為,缺乏夥伴關係的培養,才會出現英特爾「背信棄義」、聯手康柏的行為。

3. 財務治理不完善

虛擬經營戰略對成員企業最危險的消極影響是使成員企業對外部資源的依賴性加大,獨立性變差。虛擬企業的組織模式是成員企業間一種資源重新整合的經營方式,對資源控制程度的大小決定了合作夥伴在虛擬企業中的地位和它們之間的控制權結構,並且這會隨著合作關係的展開而逐漸發生變化。IBM公司在PC業務中,與其他夥伴企業僅是單純的業務往來,沒有建立完善的財務治理結構,這就缺乏對關鍵資源的控制和對自身核心資源的保護機制。一旦成員企業發生機會主義行為,IBM公司即便採取各種補救措施,都顯得毫無意義。此外,IBM公司的財務治理機制不健全,沒有對成員企業進行有效的激勵、約束,這也降低了IBM的協調控制能力。

7.3 對中國虛擬企業財務制度安排的啟示

從美特斯·邦威和IBM公司PC業務的案例中,我們可以看出組建虛擬企業是一把雙刃劍,既可以給企業帶來發展的機遇,又可能存在相當程度的風險和負面效應。虛擬企業的競爭優勢使之成為企業發展的有效組織模式,美特斯·邦威和IBM公司PC業務同樣是採用了虛擬企業這一組織模式,結果卻截然相反,這種相背離的結果來源於是否進行虛擬企業的財務制度安排。從硬約束來看,美特斯·邦威具有健全的顯性財務制度,能夠規範財務活動、理順財務關係,保證各環節的有效運行;IBM公司的PC業務只將各個環節的業務外包,沒有掌握核心資源,沒有對各財務活動進行規範、約束,以至造成合作破裂,經營失敗。從軟約束來看,美特斯·邦威通過加強相互溝通、增加各成員企業之間的信任關係,不斷提升關係資本的價值、培育財務文化,以無形的規範減少內部財務衝突,保證財務活動、財務關係的順暢;IBM公司的PC業務則忽略了這種無形規範,導致夥伴關係的突然終結,給IBM公司造成了難以挽回的損失。從實施機制來看,美特斯·邦威實施了有效的財務組織結構安排

和激勵約束機制，保證了財務制度的有效運行；IBM公司的PC業務則忽視了財務治理的作用，降低了IBM公司的協調控制能力。由此可見，美特斯·邦威通過完善、合理、健全的財務制度安排，發揮出虛擬企業組織模式的優勢，實現了改善企業的競爭狀況、快速提高市場適應能力和競爭力的預期效果；而IBM公司的PC業務由於財務制度安排不完善、不健全，特別是缺乏合作風險的評估和控制，使企業陷入機會主義風險中，並喪失資源控制能力和自主協調能力，最終導致企業營運失敗。

虛擬企業作為建立在多個組織實體基礎上的暫時性聯盟，其協調和控制具有很大的不確定性，在合作中難免發生管理方式乃至價值觀的碰撞；同時，各成員企業的目標和利益往往不完全一致，它們在對待技術轉移、收益分配等問題時會產生矛盾，所有這些必然會直接威脅虛擬企業的順利運行。而財務制度安排能對財務活動、財務關係進行有效的約束，可以在一定程度上規避虛擬企業的負面效應。通過以上虛擬企業成敗的案例，也驗證了這一分析的正確性。因此，虛擬企業要注重財務制度安排在企業管理中的作用，因為財務制度安排可以有效保障虛擬企業的順利運行、降低其失敗的概率，並有利於促進虛擬企業自身的長足發展。

在中國，虛擬企業會成為許多企業的新選擇。因為它不僅為大企業開創了一種全新的經營觀念及經營方式，可以提高市場競爭力、不斷與國際大企業相抗衡，更為中國中小企業的快速發展築就了一個全新平臺。特別是中國中小企業已呈現出蓬勃發展的態勢。2017—2022年中國企業經營項目行業市場深度調研及投資戰略研究分析報告表明，目前中國中小企業有4,000萬家，占企業總數的99%，貢獻了中國60%的國內生產總值（GDP）、50%的稅收和80%的城鎮就業[①]。結合中國的具體情況，虛擬企業在制定財務制度安排時，應注意以下幾個問題：

1. 構建完善的財務制度安排體系

過去，中國基於國家政策導向等原因，一直重視顯性財務制度的約束，忽視了隱性財務制度和財務治理的作用。虛擬企業在中國畢竟是一個新鮮事物，為了保證虛擬企業的有效運作並降低其失敗的可能性，需要建立一套健全、完善的財務制度安排體系。虛擬企業財務制度安排主

---

① 數據來源於http://www.chinabgao.com。

要從顯性財務制度、隱性財務制度、財務治理三個不同的角度規範財務活動、協調財務關係。顯性財務制度、隱性財務制度從制度層面加以規範，財務治理從實施機制的角度加以保證，它們的約束方式、規範範圍各不相同。只有三者相互配合，才能發揮財務制度安排的作用，實現虛擬企業順利營運。

2. 建立面向全生命週期的顯性財務制度

虛擬企業因市場機遇的發現而產生、因市場機遇的實現而結束，具有明顯的生命週期規律。在生命週期的不同階段，虛擬企業具有不同的財務活動。在制定具有較強財務約束力的顯性財務制度時，我們需要考慮不同階段的財務特徵，進行有目的的重點規範。

第一，醞釀期的財務制度安排決定虛擬企業的整體運作。在醞釀期，核心企業首先要通過完善的市場信息系統和經常性的市場調研，識別出各種市場機遇。但識別的市場機遇不一定具有現實的價值，如果盲目地實施，往往會給自身和其他企業帶來巨大的損失，所以，核心企業必須要對市場機遇的價值進行評估，然後再確定是否進一步實施。市場機遇價值評估制度是核心企業組建虛擬企業的前期財務行為規範，它決定著組建的虛擬企業是否進行後期運作。中國自改革開放以來，面對的市場範圍逐漸拓寬、市場情況也日趨複雜，因此，中國虛擬企業在市場機遇價值評估制度中，除了要考慮選擇恰當的價值評估方法外，還需要考慮市場機遇的可行性和風險性。對市場機遇進行可行性分析時，要從自身的條件出發，考慮自身是否控制核心資源、是否有能力駕馭並組織虛擬企業，實現市場機遇的行為是否符合中國經濟發展的方針政策。此外，還要盡可能地預估組建虛擬企業將會面臨的風險，從技術、經濟、社會、政治等方面評估風險，並保證實現過程中的風險是可控的。

第二，組建期的財務制度安排輔助虛擬企業的順利運作。虛擬企業是信息時代的產物，通過信息網絡進行溝通是虛擬企業運作的基礎。虛擬企業進行財務活動必須建立在強有力的現代化信息網絡基礎之上，建立一個完善的信息技術系統是虛擬企業順利運行的前提條件，所以在組建期要注重對信息基礎設施建設的投資。除了投資制度中明確規定對信息基礎設施進行維護、升級外，核心企業還要分階段、分目標、有層次地推進企業信息化建設，為虛擬企業的構建及運作提供一個高效的信息平臺。這個信息平臺必須是可重構的、可重用的和可擴充的；具有信息

集成和輔助能力；方便企業資源共享與優化合作；可提供即插兼容的接口，即可解決合作夥伴的信息系統異構現象。

第三，運作期的財務制度安排是虛擬企業財務制度安排的重點。虛擬企業進入運作期，就開始了正常的生產經營活動，進入了虛擬企業運行的關鍵階段。運作期的財務制度主要包括風險管理制度、利益分配制度、成本控制制度、績效評價制度等，這些制度分別對不同財務活動進行規範。每個制度雖然具有針對性，但這些財務制度是聯為一體的。我們在實施財務制度的過程中，不能孤立地看待某一制度，需要看到彼此之間的相互配合關係。

由於虛擬企業的各成員之間是一種鬆散的協議關係，關係不牢靠，所以，在運作期需要特別控制和防範潛在的合作風險。除了對合作風險進行事前可靠估計、事中控制、事後補救外，要特別注意合作夥伴的選擇。合作夥伴的選擇直接影響虛擬企業各環節的順利配合，為此，核心企業在確定眾多符合基本要求的候選企業後，要進行多層次篩選，確定最佳搭配；還要加強對合作夥伴的考評，及時、動態地選擇「最滿意」的合作者。此外，虛擬企業需要對各企業核心能力進行整合，各企業需要在提供核心能力的同時，切實保護好自身的核心能力。由於虛擬企業具有邊界模糊性和滲透性，這就為各成員企業提供了瞭解對方的窗口。借助這扇窗口，各成員企業可以彼此學習對方的知識和技能。隨著合作的發展，成員企業投入資源的重要性會出現變化或流失的風險，因此，企業要加強對本企業關鍵資源的保護。成員企業往往會有不想向對方轉讓或無意向對方轉讓的資源，這便構成企業核心競爭力的關鍵因素。成員企業應明確界定哪些信息、技術或訣竅可以分享，哪些需要保護，盡可能將關鍵技術控制在自己手中。但這又常常使參與程度和技術水準較高的成員企業失去合作興趣。為此，成員企業須在技術保護與技術轉移之間尋找恰當的平衡，並採取措施防止技術擴散。

第四，解體期的財務制度安排保證虛擬企業順利解體。對於以回應市場機遇或完成某項目為動因組建的虛擬企業來說，一旦市場機遇實現或項目完成，成員企業合作的基礎就已經喪失，虛擬企業就面臨著解體。但解體並不意味著結束，有可能是下一次參與或者組建另一個新虛擬企業的開始。因此，各成員企業要在和諧的氣氛下進行解體工作，通過財務制度安排對所遺留的問題進行規範，並落實好後續工作，具體包括剩

餘產品的銷售和已售出產品的售後服務、各成員企業今後如何加強聯繫等內容。這不僅是對消費者的負責，也是為各成員企業將來更好地合作提供可能。

在解體期，最為重要的財務制度是利益清算制度。所有成員企業加入虛擬企業均是受利益驅動的，所以虛擬企業最終的成果必須在各成員企業間公平合理地分配。核心企業應根據事先制定的利益分配方法及成員企業的績效情況，公平合理地將虛擬企業在運行中取得的收益分配給成員企業。收益分配包括實際利潤的分配和合作過程中創造的品牌、技術等無形資產的分享和分配。其中，無形資產價值是一個模糊的數值，可以通過專業的估價公司或者成員企業自己經過競標獲得最終估價權。

3. 強調隱性財務制度安排的內在約束

一套詳盡的顯性財務制度可以有效地規範虛擬企業的財務行為、協調內部財務關係。除了這種硬性約束外，在虛擬企業的營運過程中還要考慮運用「軟控制」的方式，增進合作夥伴間的相互理解和信任，使得夥伴企業能夠自覺規範自身的財務行為。隱性財務制度具有很大的彈性，因此，中國虛擬企業在制度安排中要結合實際，提升「非正式約束」的約束力。

第一，注重培養夥伴關係。虛擬企業的精髓在於將自己的資源優勢集中在附加值較高的功能上，而將附加值較低的功能虛擬化，借助外力來完善或彌補自身的缺憾。因此，合作夥伴之間的關係是影響虛擬企業成敗的關鍵，也是影響財務制度安排的重要因素。虛擬企業的順利運行勢必要求各成員企業之間具有良好的夥伴關係。中國企業長期受「各自為大」思想的影響，一般不易與其他企業建立良好的溝通關係。為此，要創造條件，加強企業之間的溝通與尊重，消除習慣性行為，增加彼此間的相互依賴，這樣才能減少彼此之間的矛盾、實現各成員企業的雙贏或多贏。需要強調的是，可以通過顯性財務制度安排和財務治理的配合實現「軟控制」，例如虛擬企業通過建立持續的信息系統、制定有效的激勵約束機制、制定合理公平的利益分配機制可以加強夥伴企業間的信任關係，減少夥伴企業的行為衝突。

第二，實行跨文化管理。隨著新經濟時代的到來，中國逐漸融入世界這個大家庭之中。中國組建的虛擬企業有可能吸納國外的組織或企業，這樣就可能出現虛擬企業各成員具有各自不同的計劃、目標和要求，以

及不同的管理風格與企業文化氛圍。中國自古以來受儒家思想的影響，與西方文化截然不同。當多種不同文化交匯在一起，便常常會產生各種摩擦和衝突。因此，要保證虛擬企業的成功運作必須實施正確的跨文化管理，促進培育隱性財務制度。第一，要強調形成目標一致的團隊文化。團隊文化是通過共同的規範、信仰、價值觀將團隊成員聯繫在一起。這種文化不是以犧牲合作夥伴利益來服從整體利益的關係，而是在項目實施過程中通過隨時協調、溝通，達到局部目標與整體目標的一致。第二，要建立信任文化。信任關係本質上是一種心理契約關係，帶有一定的情感傾向和價值取向，這就對虛擬企業的內部環境提出了較高的要求。協調虛擬企業內員工心理契約取向就是要通過各成員企業的組織性行為，調動員工彼此信任的能動性，以正面的情感和共同的願景矯正偏離彼此信任關係的潛在行為，逐步培育虛擬企業的信任環境，以保證心理契約的自動實施。其中，信任文化和倫理道德規範的形成最為重要。因此，虛擬企業要盡可能通過正常渠道的相互溝通以及非正式的聯繫與交流，促使各成員企業之間求同存異，消除習慣性防衛心理和行為，建立誠實互信的關係，加強各方的合作與協調。

4. 強化虛擬企業的財務治理

在實踐中，中國虛擬企業常常重視生產運行過程管理，忽略了財務治理。而財務治理不僅能提高財務決策的科學有效性，還可以保證財務制度的順利實施，因此，中國虛擬企業需要加強財務治理結構、財務治理機制的建設。首先，要選擇恰當的組織模式。虛擬企業主要有星型模式、聯邦模式、平行模式三種組織模式。企業應該根據自身的條件與需要，確定戰略環節的重點；同時還要兼顧其他合作夥伴的需要，選擇一種各成員企業相互認同的模式。其次，在組織模式確定後，還要對財務治理結構特別是財務組織結構做出合理的設置。科學的財務治理結構可以在一定程度上促進顯性財務制度的制定，建立完善的隱性財務制度。同時，還要建立與其他企業合作對接的運作部門，配備專門的人才，專門負責合作協調事宜。最後，根據企業特點、組織模式等，制定科學、合理、有效的激勵約束機制，調節和控制各項財務活動。

參考文獻

[1] 奧肯. 平等與效率 [M]. 王奔洲, 等譯. 北京: 華夏出版社, 1999.

[2] 安瑛輝, 張維. 期權博弈理論的方法模型分析與發展 [J]. 管理科學學報, 2001 (4).

[3] 威廉姆森. 治理機制 [M]. 北京: 中國社會科學出版社, 2001.

[4] 包國憲, 賈旭東. 虛擬企業研究基礎——實踐背景與概念辨析 [J]. 蘭州大學學報, 2004 (11).

[5] 包國憲. 虛擬企業管理導論 [M]. 北京: 中國人民大學出版社, 2006.

[6] 聖吉. 第五項修煉 [M]. 北京: 生活·讀書·新知三聯書店, 1994.

[7] 博特賴特. 金融倫理學 [M]. 靜也, 譯. 北京: 北京大學出版社, 2002.

[8] 陳放鳴. 新制度經濟學的合約企業理論 [J]. 上海經濟研究, 1999 (7).

[9] 陳繼紅. 20世紀90年代以來分配倫理研究的路徑、論題與反思 [J]. 倫理學研究, 2007 (9).

[10] 陳劍, 馮蔚東. 虛擬企業構建與管理 [M]. 北京: 清華大學出版社, 2002.

[11] 陳菊紅, 汪應洛, 孫林岩. 虛擬企業收益分配問題博弈研究 [J]. 運籌與管理, 2002 (1).

[12] 陳權寶, 楊政軍. 巴納德的社會系統理論與虛擬企業 [J]. 工業技術經濟, 1999 (5).

［13］陳榮耀. 企業倫理——一種價值理念的創新［M］. 北京：科學出版社, 2006.

［14］陳曉萍. 跨文化管理［M］. 北京：清華大學出版社, 2005.

［15］陳鬱. 所有權、控制權與激勵［M］. 上海：上海三聯書店, 2003.

［16］陳澤聰, 溫君奕. 虛擬企業協調的任務、障礙與策略［J］. 企業管理, 1999（4）.

［17］程宏偉. 虛擬企業財務問題探討［J］. 財會月刊, 2003（6）.

［18］戴軍. 從虛擬公司的興起談會計主體假設［J］. 會計研究, 1999（11）.

［19］思羅斯比. 什麼是文化資本？［J］. 馬克思主義與現實, 2004（1）.

［20］諾斯. 制度、制度變遷與經濟績效［M］. 上海：上海三聯書店, 1994.

［21］段文斌. 制度經濟學——制度主義與經濟分析［M］. 天津：南開大學出版社, 2003.

［22］凡勃倫. 有閒階級論［M］. 北京：商務印書館, 1964.

［23］馮建, 伍中信, 徐加愛. 企業內部財務制度設計與選擇［M］. 北京：中國商業出版社, 1998.

［24］馮建. 財務理論結構研究［M］. 上海：立信會計出版社, 1999.

［25］馮建. 企業財務制度論［M］. 北京：清華大學出版社, 2005.

［26］馮靜, 曾鳳. 對財務制度的再認識［J］. 財會通訊, 1999（4）.

［27］馮蔚東, 陳劍. 虛擬企業中夥伴收益分配比例的確定［J］. 系統工程理論與實踐, 2002（4）.

［28］馮蔚東, 陳劍, 趙純均. 虛擬企業中的風險管理與控制研究［J］. 管理科學學報, 2001（6）.

［29］弗蘭西斯. 歷史的總結［M］. 北京：北京大學出版社, 1996.

［30］戈泰, 克薩代爾. 跨文化管理［M］. 陳淑仁, 周曉幸, 譯. 北京：北京：商務印書館, 2005.

［31］干勝道. 所有者財務：一個全新的領域［J］. 會計研究, 1995（6）.

［32］高強. 虛擬企業形成機理研究及其應用［D］. 杭州：浙江工業大學, 2004.

［33］郭復初. 論初級階段財務管理體制的性質與特徵［J］. 四川會計, 1989（11）.

［34］郭復初. 社會主義初級階段財務管理體制［M］. 成都：西南財經大學出版社, 1991.

［35］郭復初. 財務通論［M］. 上海：立信會計出版社, 1997.

［36］SMIT H T J, TRIGEORGIS L. 戰略投資學——實物期權和博弈論［M］. 北京：高等教育出版社, 2006.

［37］西蒙. 管理行為［M］. 北京：北京經濟學院出版社, 1988.

［38］黃慧琴. 對虛擬企業財務管理的理論探討［J］. 財會月刊, 2006（3）.

［39］黃敏, 楊紅梅, 王興偉. 基於模糊綜合評判的虛擬企業風險評價［J］. 教學的實踐與認識, 2004（6）.

［40］解樹江. 虛擬企業——理論分析、運行機制與發展戰略［M］. 北京：經濟管理出版社, 2001.

［41］靳濤. 從交易成本的爭議到契約理論的深化：新制度經濟學企業理論發展述評［J］. 財經理論與實踐, 2003（9）.

［42］康芒斯. 制度經濟學［M］. 北京：商務印書館, 1962.

［43］柯武剛, 史漫飛. 制度經濟學［M］. 北京：商務印書館, 2000.

［44］科爾貝格. 道德發展心理學——道德階段的本質與確證［M］. 郭本禹, 等譯. 上海：華東師範大學出版社, 2004.

［45］戴維斯, 諾斯. 制度變遷的理論：概念與原因［M］// 財產權利與制度變遷. 上海：上海三聯書店, 1996.

［46］勞秦漢. 會計倫理學概論［M］. 成都：西南財經大學出版社, 2005.

［47］李凱, 李世杰. 產業集群的組織分析［M］. 北京：經濟管理出版社, 2007.

［48］李連華. 財權配置中心論：完善公司治理結構的新思路［J］. 會計研究, 2002（10）.

［49］李敏, 李嘉毅. 企業財務通則應用指南［M］. 上海：上海財經

大學出版社，2007.

[50] 李沛新. 文化資本營運理論與實務 [M]. 北京：中國經濟出版社，2007.

[51] 李心合. 財務理論範式革命與財務學的制度主義思考 [J]. 會計研究，2002 (7).

[52] 李心合. 利益相關者財務論 [J]. 會計研究，2003 (10).

[53] 李心合. 論制度財務學構建 [J]. 會計研究，2005 (7).

[54] 李心合，朱立教. 利益相關者產權與利益相關者財務 [J]. 財會通訊，1999 (12).

[55] 李亦亮. 企業集群發展的框架分析 [M]. 北京：中國經濟出版社，2006.

[56] 李煜. 文化資本、文化多樣性與社會網絡資本 [J]. 社會學研究，2001 (4).

[57] 李志斌. 會計行為的倫理約束 [J]. 當代財經，2006 (1).

[58] 厲以寧. 經濟學的倫理問題 [M]. 北京：生活·讀書·新知三聯書店，1995.

[59] 廖理. 王毅惠. 實物期權理論與企業價值評估 [J]. 數量經濟技術經濟研究，2001 (3).

[60] 林競君. 網絡、社會資本與集群生命週期研究——一個新經濟社會學的視角 [M]. 上海：上海人民出版社，2005.

[61] 林鐘高，王鍇，章鐵生. 財務治理——結構、機制與行為研究 [M]. 北京：經濟管理出版社，2005.

[62] 劉東. 企業網絡論 [M]. 北京：中國人民大學出版社，2003.

[63] 劉鳳義. 論企業理論中關於人的行為分析的三種範式——新制度經濟學、演化經濟學與馬克思主義經濟學的比較 [J]. 經濟學家，2006 (9).

[64] 劉俊彥. 財務管理機制論 [M]. 北京：中國財政經濟出版社，2002.

[65] 劉松，高長元. 高技術虛擬企業營運模式及其成本管理研究 [J]. 工業技術經濟，2006 (4).

[66] 劉銅松. 會計倫理若干理論與現實問題研究 [M]. 長沙：湖南大學，2003.

[67] 柳標. 改革企業財務管理體制問題 [J]. 財政問題講座, 1980 (6).

[68] 盧紀華, 潘德惠. 基於技術開發項目的虛擬企業利益分配機制研究 [J]. 中國管理科學, 2003 (5).

[69] 盧現祥. 西方新制度經濟學 [M]. 武漢：武漢大學出版社, 2004.

[70] 盧現祥. 西方新制度經濟學 [M]. 2版. 北京：中國發展出版社, 2006.

[71] 小弗賴爾. 文化資本 [J]. 經濟資料譯叢, 2004 (1).

[72] 羅珉. 管理學 [M]. 北京：機械工業出版社, 2006.

[73] 杜斯卡 L, 杜斯卡 B. 會計倫理學 [M]. 範寧, 李朝霞, 譯. 北京：北京大學出版社, 2005.

[74] 羅仲偉. 適應性企業：急遽變動時代的戰略思維 [M]. 廣州：廣東經濟出版社, 2001.

[75] 駱品亮. 虛擬研發組織的治理結構 [M]. 上海：上海財經大學出版社, 2006.

[76] 馬春光. 國際企業跨文化管理 [M]. 北京：對外經濟貿易大學出版社, 2004.

[77] 沃納, 喬恩特. 跨文化管理 [M]. 郝繼濤, 譯. 北京：機械工業出版社, 2004.

[78] 馬克思. 資本論：第1卷 [M]. 北京：人民出版社, 1953.

[79] 諾斯. 經濟史中的結構與變遷 [M]. 上海：上海三聯書店, 1994.

[80] 彭嵐. 資本財務管理——面向企業新價值目標 [M]. 北京：科學出版社, 2004.

[81] 彭星閭, 龍怒. 關係資本——構建企業新的競爭優勢 [J]. 財貿研究, 2004 (5).

[82] 青木昌彥. 比較制度分析 [M]. 上海：上海遠東出版社, 2006.

[83] 邱妘. 虛擬企業供應鏈管理中作業成本控制系統的構建 [J]. 財貿研究, 2003 (6).

[84] 饒曉秋. 財務治理實質是一種財權劃分與制衡的財務管理體制

[J]. 當代財經, 2003 (5).

[85] 科斯. 論生產的制度結構（企業的性質）[M]. 上海：上海三聯書店, 1994.

[86] 芮明杰. 新經濟、新企業、新管理 [M]. 上海：上海人民出版社, 2002.

[87] 尚洪濤. 財務契約論 [M]. 大連：東北財經大學出版社, 2006.

[88] 宋光興, 楊肖鴦, 張玉青. 虛擬企業的合作風險研究 [J]. 軟科學, 2004 (3).

[89] 宋獻中. 合約理論與財務行為分析 [D]. 成都：西南財經大學, 1999.

[90] 舒爾茨. 制度與人的經濟價值的不斷提高 [M] // 財產權利與制度變遷——產權學派與新制度學派譯文集. 上海：上海三聯書店, 1991.

[91] 湯谷良. 現代企業財務的產權思考 [J]. 會計研究, 1994 (5).

[92] 湯谷良. 經營者財務論——兼論現代企業財務分層管理架構 [J]. 會計研究, 1997 (5).

[93] 湯業國. 從財務主體的歸屬看中國財務管理體制的改革 [J]. 四川會計, 1995 (10).

[94] 科恩, 普魯薩克. 社會資本——造就優秀公司的重要元素 [M]. 孫健敏, 黃小勇, 姜嬿, 譯. 北京：商務印書館, 2006.

[95] 泰普斯科特, 卡斯頓. 範式的轉變——信息技術的前景 [M]. 大連：東北財經大學出版社, 1999.

[96] 達文波特, 貝克. 注意力經濟 [M]. 北京：中信出版社, 2004.

[97] 王斌, 高晨. 組織設計、管理控制系統與財權制度安排 [J]. 會計研究, 2003 (3).

[98] 王棣化. 企業財務管理學的倫理傾向 [J]. 四川會計, 2001 (7).

[99] 王擎. 中國資本市場的財務倫理缺失分析 [J]. 財經科學, 2006 (8).

[100] 王碩. 虛擬企業理論與實務 [M]. 合肥：合肥工業大學出

社,2005.

[101] 王素蓮,柯大鋼.關於財務倫理範式的探討[J].財政研究,2006(5).

[102] 王信東.企業虛擬化經營理論與實踐[M].北京:經濟科學出版社,2006.

[103] 麥金森.公司財務理論[M].劉明輝,譯.大連:東北財經大學出版社,2002.

[104] 韋德洪.財務控制理論與實務[M].上海:立信會計出版社,2006.

[105] 貝克.社會資本制勝——如何挖掘個人與企業網絡中的隱性資源[M].上海:上海交通大學出版社,2002.

[106] 吳光宗.現代科學技術革命與當代社會[M].北京:北京航空航天大學出版社,1991.

[107] 伍中信.現代公司財務治理理論的形成與發展[J].會計研究,2005(10).

[108] 伍中信.產權會計與財權流研究[M].北京:經濟管理出版社,2001.

[109] 伍中信.現代財務經濟導論——產權、信息與社會資本分析[M].上海:立信會計出版社,1999.

[110] 肖道舉,聞立鵬,陳曉蘇.基於工作流管理的虛擬組織模型[J].華中理工大學學報,2000(9).

[111] 謝良安.刍探虛擬企業的財務管理[J].財會月刊,2003(7).

[112] 修國義.虛擬企業組織模式及運行機制研究[D].哈爾濱:哈爾濱工程大學,2006.

[113] 薛曉源,曹榮湘.全球化與文化資本[M].北京:社會科學文獻出版社,2005.

[114] 閆琨,黎涓.虛擬企業風險管理中模糊綜合評判法的應用[J].工業工程,2004(5).

[115] 楊建文.分配倫理[M].鄭州:河南人民出版社,2002.

[116] 楊敏.多虛擬企業間收益分配優化研究[M].西安:西北工業大學,2006.

［117］楊淑娥. 試論財務體制演進的動因與規律［J］. 當代經濟科學, 1997（2）.

［118］楊淑娥. 產權制度與財權配置——兼議公司財務治理中的難點與熱點問題［J］. 會計研究, 2003（1）.

［119］楊淑娥, 金帆. 關於公司財務治理問題的思考［J］. 會計研究, 2002（12）.

［120］楊偉文, 鄧向華. 虛擬企業的公司治理研究［J］. 經濟管理, 2002（4）.

［121］葉飛, 孫東川. 面向全生命週期的虛擬企業組建與運作［M］. 北京：機械工業出版社, 2005.

［122］葉飛, 徐學軍. 基於虛擬企業的績效協同模糊監控系統設計研究［J］. 當代財經, 2001（5）.

［123］愛迪思. 企業生命週期［M］. 北京：華夏出版社, 2004.

［124］衣龍新. 公司財務治理論［M］. 北京：清華大學出版社, 2005.

［125］鬱洪良. 金融期權與實物期權——比較和應用［M］. 上海：上海財經大學出版社, 2003.

［126］馬歇爾, 班塞爾. 金融工程［M］. 宋逢明, 朱寶憲, 張陶偉, 譯. 北京：清華大學出版社, 1998.

［127］科特, 赫斯科特. 企業文化與經營業績［M］. 曾中, 李曉濤, 譯. 北京：華夏出版社, 1997.

［128］曾志斌, 李言, 李淑娟. 基於模糊層次分析的虛擬企業風險評價［J］. 模糊系統與教學, 2006（8）.

［129］昌佩, 諾里亞. 管理的變革［M］. 北京：經濟日報出版社, 1998.

［130］張愛民. 財務制度設計［M］. 北京：高等教育出版社, 2000.

［131］張維迎. 博弈論與信息經濟學［M］. 上海：上海三聯書店, 1996.

［132］張喜徵. 虛擬企業信任機制研究［D］. 長沙：中南大學, 2003.

［133］張旭蕾, 馮建. 企業財務核心能力的形成與發展——基於財務可持續發展的視角［J］. 工業技術經濟, 2008（2）.

[134] 張旭蕾, 宋茹. 財務制度安排理論框架之探究——基於新制度經濟學的理性思考 [J]. 財政研究, 2008 (3).

[135] 張兆國, 張慶, 何威風. 企業財權安排的幾個基本理論問題: 基於利益相關者理論研究 [J]. 會計研究, 2007 (11).

[136] 張兆國, 張慶, 宋麗夢. 論利益相關者合作邏輯下的企業財權安排 [J]. 會計研究, 2004 (2).

[137] 張志強. 期權理論與公司理財 [M]. 北京: 華夏出版社, 2000.

[138] 趙昌文, 楊記軍, 杜江. 基於實物期權理論和風險投資項目價值評估模型 [J]. 數量經濟技術經濟研究, 2002 (12).

[139] 趙春明. 虛擬企業 [M]. 杭州: 浙江人民出版社, 1999.

[140] 鄭文軍. 虛擬企業的組織特性與管理機制研究 [D]. 重慶: 重慶大學, 2002.

[141] 周和榮. 敏捷虛擬企業——實現及運行機理研究 [M]. 武漢: 華中科技大學出版社, 2007.

[142] 周宏. 中國新技術企業的跨文化管理 [J]. 經濟問題, 2003 (6).

[143] 周小虎. 企業社會資本與戰略管理——基於網絡機構觀點的研究 [M]. 北京: 人民出版社, 2006.

[144] 朱東辰, 餘津津. 論風險投資中的風險企業價值評估: 一種基於多階段複合實物期權的分析 [J]. 科研管理, 2003 (4).

[145] 朱開悉. 財務管理目標與企業財務核心能力 [J]. 財經論叢, 2001 (9).

[146] 朱元午. 財務控制 [M]. 上海: 復旦大學出版社, 2007.

[147] 鄒煉忠, 王光慶. 從 IBM 公司的故事看虛擬經營戰略 [J]. 現代管理科學, 2003 (6).

[148] 鄒亞明. 集權與分權——企業權威的經濟學分析 [M]. 上海: 上海財經大學出版社, 2006.

[149] 鄒豔. 虛擬企業的財務管理研究 [D]. 成都: 西南財經大學, 2007.

[150] 張煥. 試論虛擬企業的特點及其發展趨勢 [J]. 人力資源開發, 2012 (10).

[151] 高長元, 王曉明, 李紅霞. 高技術虛擬企業風險衡量模型 [J]. 科技進步與對策, 2012 (3).

[152] 張麗. 虛擬企業財務管理框架體系與流程研究 [J]. 財會通訊, 2013 (2).

[153] PIERRE B. The forms of capital [M] // HALSEY A H, LAUDER H, BROWN P, et al. Education: Culture, Economy and Society. New York: Oxford University Press, 1989: 46-58.

[154] BREALEY F, MYERS S. Principles of Corporate Finance [M]. Mc Graw-Hill, 1996.

[155] DIXIT K V, PINDYCK R S. The Option Approach to Capital Investment [J]. Harvard Business Review, 1995, 73.

[156] CUMMING D J, JEFFREY G. Macintosh: Venture Capital Investment duration in Canada and the United States [J]. Journal of Multinational Financial Management, 2001, 11.

[157] DYER. Effective Interfirm Collaboration: How Firms Minimize Transaction Costs and Maximize Transaction Value [J]. Strategic Management Journal, 1997, 18: 553-556.

[158] DYER J H, SINGH H. The Relational View: Cooperative Strategy and Sources of Interorganizational Competitive Advantage [J]. Academy of Management Review, 1998, 23: 660-679.

[159] MARK G. The Strength of Weak Ties [J]. American Journal of Sociology, 1973, 78.

[160] MARK G. The Strength of Weak Ties: A Network Theory Revisited [M] // MARSDEN P V, LIN N. Social Structure and Network Analysis. Beverly Hills: Sage Publications, 1982.

[161] HODGE B J, ANTHONY W P, GALES L. Organization Theory: A Strategic Approach [M]. Prentice Hall, 1996.

[162] JEHUEN. The Virtual Corporation [EB/OL]. Heep://www.tvshoe.com.tw/vr.htm.

[163] BYRNE J A. The Virtual Corporation [J]. Business Week, 1993 (8).

[164] PRASHANT K. Learning and Protection of Proprietary Assets in

Strategic Alliances: Building Relational Capital [J]. Strategic Management Journal, 2000, 21 (3): 217-238.

[165] KATZY B R. Design and Implementation of Virtual Organization [C]. Proc. 31st Annual Hawaii International Conference on System Science, 1998.

[166] LESLIE K J, MAX P. Michaels: The Realpower of Real Options [J]. The Mckinsey Quarterly, 1997, 3.

[167] PRESS K, GOLDMAN S L, ROGER N. Nagel: 21st Century Manufacturing Enterprises Strategy: An Industry-Led View [R]. Iacocca Institute, Lehigh University, 1991.

[168] PRESS K. Handbook for Virtual Organization: Tools for Management of Quality, Intellectual Property and Risk, Revenue Sharing [M]. Knowledge Solutions Inc., Bethlehem Pa, 1996.

[169] KOVACH C. Based on observation of 800 second-year MBAs in field study teams at UCLA, 1977-1980. Original model based on Kovach's paper, some notes for observing group process in small task-oriented groups [D]. Graduate School of Management, University of California at Los Angeles, 1976.

[170] LACITY M C, WILLCOCKS L R, FEENY F. IT outsouring: maximize flexibility and control [J]. Harvard Business Review, 1996, 5-6.

[171] BERNSTEIN L. Opting Out of the Legal System: Extra Legal Contractual Relations in the Diamond Industry [J]. Journal of Legal Studies, 1992 (21): 115.

[172] MALONE M S, DAVIDOW W. Virtual Corporation [J]. Forbes, 1992, 12 (7).

[173] MEYERSON D, KREMER R M. Swift trust and temporary groups [M]. Sage Publications, 1996: 166-195.

[174] MEZGAR, KOVACS G L. Co-ordination of SEM Production through a Co-operative Network [J]. Journal of Intelligent Manufacturing, 1998, 9.

[175] SAWHNEY M, ZABIN J. Relational Capital: Managing Relationships an Assets [R]. Marketing Science Institute, Florida, 2001: 7.

[176] BONTIS N. Intellectual Capital: An Exploratory Study that Develops Measures and Models [J]. Management Decision, 1998, 36 (2): 63-76.

[177] SENGE P M. The Fifth Discipline: The Art and Practice of Learning Organizations [M]. New York: Doubleday/ Currency, 1990.

[178] Senge P M. Transforming the Practice of Management [J]. Human Resource Development Quarterly, 1993, 4.

[179] MCDONALD R, SIEGEL D. The Value of Waiting to Invest [J]. Quarterly Journal of Economics, 1986, 101.

[180] RADNER. The Organization of Decentralized Information Processing [J]. Econometrica, 1993 (1): 61.

[181] GOLDMAN S L, NAGEL R N, PRESS K. Agile Competitors and Virtual Organizations: Strategic for Enriching the Customer [M]. Van Nostrand Reinhold: A Division of International Thomson Publishing Inc, 1995.

[182] THROSBY D. Cultural Capital [J]. Journal of Cultural Economics, 1999, 23.

[183] WALTON J, WHICKER L. Virtual Enterprise: Myth and Reality [J]. Journal of Control, 1996, 27.

[184] DAVIDOW W H, MALONE M S. The Virtual Corporation: Structuring and Revitalizing the Corporation for the 21st Century [J]. Harper Business, 1992.

[185] WILLIAMSON O E. The Economic Institutions of Capitalism [M]. New York: Free Press, 1985.

後記

市場需求的變化對商業模式變革提出了新的要求,而科學技術的發展,特別是網絡信息技術的發展和應用,又為這種變革提供了條件和可能。虛擬企業相關概念正是在這種背景下被提出來的。虛擬企業是一個通過信息技術連接的一些相互獨立的企業(如供應商、客戶甚至競爭者)的動態聯合體。它突破企業有形的邊界,通過跨地域、跨企業的資源優化組合達到借用外力的最優效果。對於保持虛擬企業的相對穩定,財務制度安排將是一個有效工具。因此,本書以《虛擬企業財務制度安排研究》為題進行了探索,以期為互聯網時代下商業模式創新、規範虛擬企業運作提供一定的借鑒和思路。

由於虛擬企業是一種新型組織模式,雖然理論界和實務界對此進行了較多的探討,但仍有許多基礎性問題未能形成共識;同時,虛擬企業是因市場機遇出現而組建、因市場機遇消失而解體的組織,極具不穩定性,如何把握並制定其財務制度為一大難題。在寫作過程中,筆者試圖把國內外有關虛擬企業的新理論、新方法和新成果結合進去,把自身經歷的多個財務管理崗位上的實踐經歷和體會融入進去,但書中的一些理論和思想仍存在一定的局限性,有待在企業實踐中進一步檢驗、修正和完善。

值此書出版之際,回想起這些年學習、工作的經歷,不禁讓我感慨萬千。由天府之國到燕趙大地,由高校教師到企業財務工作者,由基層企業、上市公司、類金融企業到企業集團,雖然經歷了諸多工作地點和

工作崗位的變化，但唯一不變的是對財務工作的熱愛。雖然，目前大數據、雲計算、人工智能的發展，推進了商業模式的創新。但是無論商業模式如何變革，財務改變的是存在方式，財務精神將永存！

　　我的成長離不開多年來老師、領導、朋友、家人們的支持和幫助，在此，我向他們表示最誠摯的謝意。感謝河北建投集團給予我一個廣闊的發展平臺，使我有機會將理論與實踐相結合，在漫漫求索之路上，不斷突破、不斷成長。

　　今後的道路是曲折、漫長的，我將繼續努力，不辜負所有關愛我的人！

張旭蕾

國家圖書館出版品預行編目（CIP）資料

虛擬企業財務制度安排研究 / 張旭蕾 著. -- 第一版.
-- 臺北市：崧博出版：財經錢線文化發行, 2019.05
　面；　公分
POD版

ISBN 978-957-735-855-4(平裝)

1.網路產業 2.財務管理

484.6　　　　　　　　　　　　108006579

書　　名：虛擬企業財務制度安排研究
作　　者：張旭蕾 著
發 行 人：黃振庭
出 版 者：崧博出版事業有限公司
發 行 者：財經錢線文化事業有限公司
E-mail：sonbookservice@gmail.com
粉 絲 頁：　　　　　網　址：
地　　址：台北市中正區重慶南路一段六十一號八樓 815 室
8F.-815, No.61, Sec. 1, Chongqing S. Rd., Zhongzheng Dist., Taipei City 100, Taiwan (R.O.C.)
電　　話：(02)2370-3310　傳　真：(02) 2370-3210
總 經 銷：紅螞蟻圖書有限公司
地　　址：台北市內湖區舊宗路二段 121 巷 19 號
電　　話：02-2795-3656 傳真:02-2795-4100　網址：
印　　刷：京峯彩色印刷有限公司（京峰數位）

　本書版權為西南財經大學出版社所有授權崧博出版事業股份有限公司獨家發行電子書及繁體書繁體字版。若有其他相關權利及授權需求請與本公司聯繫。

定　　價：380元
發行日期：2019 年 05 月第一版
◎ 本書以 POD 印製發行